LANDMASCHINEN AUS DEUTSCHLAND

Joachim M. Köstnick

Motor buch Verlag

IMPRESSUM

Einbandgestaltung: Luis dos Santos unter Verwendung von Fotos aus den Archiven der Hersteller und des Autors.

Bildnachweis: Sofern Bilder nicht aus dem Archiv des Autors stammen, befinden sich die Bildquellen unter den jeweiligen Abbildungen; die Rechte an den Bildern verbleiben bei den Urhebern.

ISBN 978-3-613-04808-9

1. Auflage 2025

Sie finden uns im Internet unter WWW.MOTORBUCH-VERLAG.DE

Dieses Buch wurde nach den geltenden Vorschriften der General Product Safety Regulation (GPSR) entwickelt. Bei Fragen oder Problemen wenden Sie sich bitte an den Verlag unter folgender E-Mail-Adresse: gpsr@paul-pietsch-verlage.de

Lektorat: Joachim Kuch, Wolfgang H. Gebhardt
Innengestaltung: Luis dos Santos
Druck und Bindung: Graspo CZ, Zlin
Printed in Czech Republic

(© Daimler Truck AG)

INHALT

VORWORT

LIEBE LESER,

man muss gar nicht in der Landwirtschaft gearbeitet haben um zu wissen, dass auf den Höfen viel mehr getan wird als Obst und Gemüse angebaut, Getreide und Futterpflanzen geerntet, Silage eingebracht, Kühe gemolken und Vieh gefüttert – denn Landwirte sichern nicht nur unsere Ernährung, sondern erfüllen noch viele andere Aufgaben, von der Landschaftspflege und dem Erhalt der Artenvielfalt bis hin zur Gewinnung von Energie und Produkten aus nachwachsenden Rohstoffen. Mehr als die Hälfte der Fläche Deutschlands wird landwirtschaftlich genutzt, und noch einmal 30 Prozent unterliegen der Forstwirtschaft. Nach den USA und den Niederlanden ist Deutschland weltweit drittgrößter Agrarexporteur und zugleich drittgrößter Importeur.

Gleichzeitig aber werden die Auflagen und Anforderungen immer strenger. Zukunftsfähig und umweltgerecht möchten es Gesetzgeber und Verbraucher gerne haben; fordern eine am Tierwohl orientierte Nutztierhaltung und eine möglichst natürliche Pflanzenerzeugung mit geringem Einsatz von Düngemitteln und Herbiziden. Die moderne Landwirtschaft muss also Umwelt-, Klima-, Natur- und Tierschutz unter einen Hut bekommen, das bedeutet: Auf den Höfen kommt keine Langeweile auf.

Die gewaltigen Herausforderungen für die Land-, Forst- und Ernährungswirtschaft sind ohne große Maschinen und ausgeklügelte Technik nicht zu bewältigen, Leser unserer Bücher wissen das längst. Daher haben wir uns für diesen Band ein weiteres Mal auf den Höfen umgesehen und uns hinaus in Wald und Flur begeben. Dabei entdeckten wir viele spannende neue Maschinen, die wir bei den bisherigen Traktorbüchern nicht oder nur am Rande berücksichtigen konnten: Hoflader und Geräteträger, Selbstfahrende Maschinen und Allrad-Lastwagen, die auf dem Feld wie auch der Straße bestens funktionieren, Fahrzeuganhänger in allen Größen und Ausführungen, Futtermisch- und Biomasse-Technik. Und dann versuchen wir noch einen Ausblick zu geben in Sachen Digitalisierung, autonomes Fahren und dergleichen mehr, denn sie werden die Zukunft der Hochleistungs-Landwirtschaft bestimmen.

Je größer das Gerät, desto größer ist die Faszination. Wir haben

einmal mehr versucht, die bunte Welt der Landwirtschaft auf 224 Buchseiten zwischen zwei Buchdeckel zu pressen, mit reichlich 500 Bildern illustriert und mit vielen Infos rund um die Kraftpakete auf Ketten und Rädern.

Der eine oder andere Leser mag vielleicht seine Lieblingsmarke vermissen oder finden, dass die eine oder andere Branchengröße nicht ausführlich genug dargestellt worden wäre: Das stimmt. Das könnte daran liegen, dass wir diese schon in den vorangegangenen Bänden der Reihe vorgestellt haben. Oder daran, dass wir keine brauchbaren Informationen oder Illustrationen erhalten konnten. Vielleicht ist es aber noch viel einfacher und wir hatten keinen Platz mehr, um diese Marke zu berücksichtigen, denn, auch für diesen Buch gilt das gleiche wie für alle anderen Bände: Wir wollten kein Lexikon schreiben und keine hochwissenschaftliche Enzyklopädie, sondern in erster Linie Lesespaß bieten.

Um so viel Maschinenkraft in Wort und Bild zu fassen, haben viele fleißige Hände mitgearbeitet. Besonders bedanken möchte ich mich für die fach- und sachkundige Unterstützung von Nutzfahrzeugspezialist und Erfolgsautor Wolfgang H. Gebhardt, der wertvolle Hinweise gab. Leider nicht mehr mit im Team ist aber unser lieber Kollege J.K. Köster. Wir vermissen ihn.

Auch viele Firmen haben mit Informationen und Material ausgeholfen. Stellvertretend genannt seien hier Stefan Erb (Amag), Franziska Koziol (Annaburger), Yvonne Kohlbacher (Bauer-Gruppe), Alexander Drews (Dammann), Agota Keleti (Eschlböck), Roland Leidenfrost (Farming Revolution), Verena Soester (Fliegl), Tina Gerhardt (Heizomat), Stephan Hirl (Hirl), Korbinian Haslbeck (Impex), Melanie Horstmeier (Jenz), Verena Soester (Krampe), Thomas Schäfer (Kröger), Heike Braam (Opitz) sowie Katja Thaler (Thaler).

Aber natürlich gebührt auch allen hier ungenannten Helfern mein herzlichster Dank!

Viel Spaß beim Lesen wünscht Ihr

JOACHIM M. KÖSTNICK

(© Siloking)

LANDMASCHINEN

Lebten in den 1950er Jahren noch 2,5 Milliarden Menschen auf der Erde, nähern wir uns inzwischen der 10-Milliarden-Marke. Zahlen, die unmissverständlich klar machen: Eine Rolle rückwärts von einer weltumspannenden Landwirtschaft zurück zu einem Leben als Selbstversorger ist nicht mehr vorstellbar. Ein Umfeld, in dem der kleine Bauernhof noch seine Nische findet, aber gegenüber dem landwirtschaftlichen Großbetrieb an Bedeutung verliert. Entsprechend hat die Größe, Effizienz und Vielfalt der Maschinen zugenommen: Für jede arbeitsintensive Tätigkeit und für jeden Zweck gibt es heute das entsprechende Gerät. Mit Traktoren, Mähdreschern, Ernte-, Sä- und Düngemaschinen ist es da nicht getan. Aber sehen Sie selbst…

(© AGCO/Fendt)

Die Königlich Niederländische Heidemaatschappij war eine Landentwicklungsgesellschaft, die im Staatsauftrag nach geeignetem Gerät zur Landerschließung suchte. Neben Fahrzeugen wie dem Jeep und der Unimog wurde so auch die Agria-Palette auf ihre Tauglichkeit untersucht. Ganz hinten die klassische Gartenfräse 1600 mit 5 PS, daneben der größere Typ 2800 mit 8 PS, jeweils mit Hirth-Motor, Eisenrädern und Fräse fürs Tieffräsen, und im Vordergrund der große Einachser mit 10- oder 12-PS-Diesel von ILO.
(© Fotocollectie Nederlandse / CC-BY-SA 2.0)

1950 kam mit dem AP 17 der erste Allgaier-Schlepper »System Porsche« auf den Markt. 1951 (AP 17-51) wurden technische Probleme behoben.
(© UserRosenzweig/ Wikimedia)

Der Allgaier R22 ist ein 22-PS-Schlepper, der von 1949 bis 1952 hergestellt wurde.
(© Ancalagon/ Wikimedia CC BY-SA 3.0)

LANDMASCHINEN

Der Agria Traktor 930 wurde in Spanien von Agria Hispania gebaut. Er verfügt über einen Motor mit 30 PS (22 kW). (© Agria)

Der Alpenland GS 15 war mit doppelquerblattgefederter Vorderachse, einer Zapfwelle und Riemenscheibe ausgestattet. (© W. Leiter/ Wikimedia)

AGRIA

Inspiriert von Weinbauern aus der Nachbarschaft, stellten Otto Göhler und Erwin Mächtel ab 1948 radangetriebene Motorhacken her. Zum Motorhacken-Erfolgsmodell namens »Agriette« Ende der 1950er Jahre gesellte sich die ebenfalls erfolgreiche Einrad-Gartenfräse »Agria Baby« dazu.

Mit der Übernahme der Maschinenfabrik Schilling in Karlsruhe-Durlach 1953 besaß Agria nun auch deren Einachs-Schlepperproduktion. Mit dem Universalschlepper »Typ 1600« begann eine erfolgreiche Produktreihe. Zweispur-Vierrad-Kompaktschlepper (»Agria 4000«) folgten ab Mitte der 1950er Jahre. Der große Durchbruch auf dem Schleppermarkt glückte Agria 1964 mit dem Schmalspurschlepper 4800 für Sonderkulturen und Gartenbau. Es folgten Allrad- und Kompaktschlepper. Zu Beginn der 1990er Jahre konzentrierte sich Agria ganz auf den Bereich der motorisierten Gartengeräte.

ALLGAIER

Georg Allgaier gründete 1906 in Hattenhofen bei Göppingen einen kleinen Betrieb zur Fertigung von Schnitt- und Stanzwerkzeugen. In den 1920er Jahren produzierte er Werkzeuge für den Karosseriebau.

Nach 1945 wollte Georg Allgaier in den vielversprechenden Bereich der Schlepperherstellung einsteigen. In Zusammenarbeit mit seinem Schwiegervater Carl Kaelble baute der Sohn des Firmengründers Erwin Allgaier den R 18 mit Kaelble-Motor und selbstentwickeltem Getriebe, von dem eintausend Stück verkauft wurden. Diesem Traktor folgte 1949 der leistungsstärkere R 22 (später A 22). Der folgende A 40 leistete 40 PS. Dann erwarb Allgaier die Konstruktionsunterlagen zu Porsches »Volksschlepper«. Unter der Bezeichnung AP 17 (Allgaier-Porsche) brachten Allgaier und Porsche 1950 einen Nachfolger auf den Markt – und dieser geriet zur Sensation. Allgaier gehörte nun zur Spitzengruppe der deutschen Schlepperhersteller. Doch weil die Belastungsgrenze des Betriebs erreicht war und er viel in den Ausbau der Produktionsmittel hätte investieren müssen, trennte sich Allgaier 1955 von seiner Traktorsparte, das Unternehmen ist heute noch als Automobilzulieferer aktiv.

ALPENLAND

1948 präsentierte der Ingenieur und Firmengründer Kurt Schröter seine sehr durchdacht konstruierten »Alpenland«-Traktoren unter Verwendung von Teilen des Militär-Jeeps. Die von Anfang an ausgereifte Eigenkonstruktion »Alpenland GS 15« eignete sich besonders für bergiges Gelände. Der GS 15 konnte durch eine gezielte Verlagerung des Anhängergewichts auf die Hinterachse der Zugmaschine immer exakt gesteuert werden. Der dafür nötige spezielle Anhänger erwies sich allerdings als Handicap und verhinderte größere Erfolge. Bis 1954 konstruierte Schröter noch die allradgetriebenen Alpenland-Schlepper K 15 mit 15 PS, K 25 mit 25 PS sowie den K 40 mit dreizylindrigem 40-PS-MWM-Motor. Ein Verkaufserfolg gelang damit allerdings ebenso wenig wie zuvor. Die immer stärker werdende Konkurrenz und die ausgehenden Jeep-Teile für die Schlepper führten 1959 zur Aufgabe des Betriebs.

LANDMASCHINEN

AMAZONE

Bereits im Jahr 1883 gründete Heinrich Dreyer seine Firma namens »Amazone«, die zunächst Getreidereinigungsmaschinen herstellte, später dann ihre Produktpalette um Kartoffelernte- und Drillmaschinen erweiterte. Heute sind die Amazone-Werke die älteste durchgehend in Familienbesitz befindliche Landmaschinenfabrik Deutschlands. Ab 1967 produzierte Amazone zapfwellengetriebene Bodenbearbeitungsgeräte. 1987 erschien die erste Einzelkornsämaschine; 2009 folgten Großsämaschinen, ab 2014 zudem Pflüge und nun auch Pflanzenschutztechnik.

Typischer Bautz-AS-Schlepper, wie er zwischen 1954 und 1958 entstand. 1969 gingen die Futtererntemaschinen an Claas. (© CLAAS KGaA mbH)

BAUTZ

Die 1877 gegründete Firma Bautz wagte sich 1936 erstmals an den Bau eines Ackerschleppers. Nach dem Zweiten Weltkrieg produzierte Bautz den ehemaligen Zanker-Schlepper B 14 AS. Erstes selbstkonstruiertes Modell war der erfolgreiche AS 120 mit 14 PS. Weitere Erfolgsmodelle Mitte der 1950er Jahre hießen AS 180 und AS 240, mit 24 PS der stärkste Bautz-Schlepper. 1956 erneuerte Bautz seine Schlepperreihe. Mit dem 20 PS starken Bautz 300 gelang ein neuer Verkaufserfolg. Der Nachfrage nach noch leistungsstärkeren Traktoren vermochte Bautz mit dem Lizenzverkauf englischer Nuffield-Traktoren zu begegnen. Doch den mittlerweile kräftig einsetzenden Abwärtstrend quittierte Bautz letztlich durch den Ausstieg aus der Schlepperproduktion im Jahr 1963; die Stückzahlen waren zu gering, um bestehen zu können. Heute ist das Werk ein Zweigbetrieb von Claas.

BISCHOFF

Zu Beginn der 1950er Jahre übernahmen die »Bischoff Werke« vom Fahrzeugbauer Ensinger dessen Schleppermodell AS 15 samt Konstruktionsunterlagen und Werkzeugen. Dieses Modell lief 1951 gut an. Ausgestattet war es mit dem bewährten, wassergekühlten 15-PS-Einzylinder-Dieselmotor von MWM. Ab 1952 legten die Recklinghäuser beginnend mit dem AS 20 ihr eigenes Programm auf. Sie verabschiedeten sich von der eckigen Haube des Ensinger-Traktors. Statt des MWM-Diesels trieb den AS 20 ein Zweizylinder-Henschel an und die eigene Gangschaltung fiel dem Hurth-Getriebe G76 zum Opfer. Neu ins Programm kamen die Modelle AS 28, AS 42 und AS 48. Mitte der 1950er allerdings stieg Bischoff auf die Herstellung von Straßenbaumaschinen um. Heute produziert die Firma ausschließlich Stahlgusstechnik.

Ein Bautz AS 120 (ab 1951) beim Volksfestumzug in Vilshofen an der Donau, aufgenommen 2011. (© High Contrast/ Wikimedia)

BRÄUTIGAM

1987 übernahm der Landwirtschaftsmeister und Diplom-Ingenieur für Maschinenbau Klaus Bräutigam Gebäude und Kundenstamm eines aus Altersgründen aufgegebenen Schmiede- und Lohndruschbetriebes. Dem Verkauf und der Reparatur von Landmaschinen folgte alsbald die Herstellung von Bodenbearbeitungsgräten und der Bau von Sondermaschinen. Das führte dazu, dass der Betrieb laufend vergrößert werden musste. Ein Dutzend Jahre später begann die Ent-

Eine Erfolgsgeschichte der Anbaustreuer – vom Zweischeiben-Düngerstreuer Amzone ZA (1958, rechts) zur modernen Baureihe ZA-TS (ab 2013, links).

(© Amazone)

100 Jahre Düngerstreuer von Amazone – zum Jubiläum setzte der Hersteller den ersten Kastenstreuer von 1917 zusammen mit einem modernen ZA-TS ins Bild. (© Amazone)

Ausschnitte aus zeitgenössischen Prospekten der Jahre 1951 (links) und 1952 (rechts) der Bischoff-Werke KG in Recklinghausen. (© Sammlung Gebhardt)

wicklung des landwirtschaftlichen Trägerfahrzeugs »Hydrotrac«, der besonders als selbstfahrende Pflanzenschutzspritze zum Einsatz kam. 2006 begann die Zusammenarbeit mit Claas in Harsewinkel, welche zur Entwicklung des MAS, des Mähdreschertransportfahrzeugs führte; zehn Jahre später begann eine Kooperation mit Lemken zur Entwicklung einer selbstfahrenden Feldspritze. Bräutigam entwickelte dafür Fahrwerk und Kabine.

BUNGARTZ

Nachdem der von Everhard Bungartz und dem Ingenieur Josef Ganz 1934 entwickelte Kleinwagen »Butz« nicht den erwünschten Erfolg brachte, versuchte Bungartz sein Glück mit Bodenfräsen (nachgebaute Siemensfräsen ebenso wie selbstentwickelte) und ab 1937 zusätzlich mit Motorhacken. Diese kamen sowohl im In- wie im Ausland gut an. Nach 1945 konnte Bungartz die Fertigung seiner Bodenbearbeitungsgeräte gleich wieder aufnehmen. 1948 schließlich brachte der Betrieb mit dem 11 PS starken U 1 seinen ersten größeren, vielfaltig einsetzbaren Einachser auf den Markt und stellte alles, inklusive anbaubarer Zusatzgeräte, selbst her. Bungartz schloss rasch an seinen Vorkriegserfolg an und wurde auch im Ausland stark nachgefragt.
1953 entstand mit dem T3 der erste Vierradtraktor der Münchner. Dieser war wahlweise mit einem 11-PS-Petroleummotor aus eigener Entwicklung ausgestattet oder alternativ mit einem 14 PS leistenden Dieselaggregat der Firma Stihl. Als Besonderheit verfügte er über eine 90-Grad-Lenkung. Die Nachfolgemodelle T5, T6 und T7 hatten Leistungen zwischen 12 und 34 PS. Nachdem es auf dem Schleppermarkt zu kriseln begann, tat sich Bungartz mit der Baumaschinenfabrik Peschke in Hornbach / Pfalz zusammen und spezialisierte sich fortan – neben seinen Bodenbearbeitungsgeräten – auf Gartenbauschlepper. Trotzdem gingen die Absatzzahlen 1969 massiv in den Keller, sodass die Schleppersparte an Gutbrod verkauft werden musste.

CLAAS

Der Betrieb der Bruder Claas entwickelte sich in den Jahrzehnten nach dem Ersten Weltkrieg zu einem europaweit führenden Hersteller von Mähdreschern. Lange Zeit dachte daher niemand an einen eigenen Traktor. Einen ersten Schritt zur bisher fehlenden eigenen Zugmaschine ging der Hersteller dann allerdings mit dem 1997 herausgebrachten Systemtraktor Xerion. Mit vier Anbauräumen, Allradantrieb und -lenkung versehen, war dieses schwere 250/300-PS-Fahrzeug als Universalmaschine für große Landwirtschaftsunternehmen gedacht. Die erste Generation dieses Traktors (Serien 2500–3000) wurde von 1997 bis 2004 gebaut, die zweite Generation (3300–3800) bis 2013, die dritte ist noch immer auf dem Markt.
Der konsequente Einstieg in den Traktormarkt erfolgte zu Beginn des neuen Jahrtausends. Claas begann 2003 mit der sukzessiven Übernahme des französischen Schlepperbauers Renault Agriculture. Claas setzte die Renault-Reihen Ares, Atles, Ceres und Celtis fort und stellte sie im Laufe der Zeit auf die grün-weißen Hausfarben um. Die Ares-Reihe bestand aus drei Modellen mit Leistungen von 90 bis 195 PS,

Eine Bungartz Bodenfräse bei der Baumschulpflege im Volksgut Berlin-Buch, 1957.© Bundesarchiv)

Der Renault/Claas Celtis ist ein Allround-Traktor für Misch- und Grünlandbetriebe im Leistungsbereich von 72 bis 100 PS. (© Claas)

Ein Feldhäcksler der Jaguar-Baureihe. Mit dem Vorsatz-Aufsammler Pick Up 380 hat er eine hervorragende Erntegut-Aufnahme. (© Claas)

Der Claas Matador ist ein selbstfahrender Mähdrescher. Von 1961 bis 1969 wurden rund 35.000 Matador Gigant und Standard gebaut. (© Claas)

Erfolgreicher als der Bungartz T3 war der 1955/56 entwickelte T5. Wiederum bildete der Einachser L5 die Basis. (© Koni/ Wikimedia)

Der 15.000. CLAAS JAGUAR, ein Häcksler aus der 800er Familie, wurde 1999 gebaut. (© CLAAS KGaA mbH)

Futtermitteltechnik aus den frühen 1970er Jahren: Der Grünfuttertrockner Claas Apollo bestand aus einem Grüngut-Vorratsbehälter, einem Trommeltrockner mit Brikettpresse und dem Kühlförderer. Der Vorratsbehälterkonnte mit fünf Tonnen Grüngut pro Stunde befüllt werden (dazu diente der Claas Rapido), das ergab dann als Fertigprodukt 1 t trockene Briketts pro Stunde. (© CLAAS KGaA mbH)

Ein Xerion 4000 mit zweiachsigem Güllefass-Auflieger und Scheibenegge. (© Claas)

Beim Verteilen und Verdichten von Grassilage für die Einlagerung ist die Wendekabine des Claas Xerion praktisch für den Landwirt. (© Claas)

Ein Feldhäcksler Jaguar 860 Seite an Seite mit einem Axion 840 Schlepper mit Cargos-Ladewagen – alle aus dem Hause Claas. (© Claas)

Der Teleskoplader Skorpion 9055 hat 5500 kg Hubkraft und erreicht 8750 mm Hubhöhe. (© Claas)

Ein Claas Arion 440 bei der Grünfutter-Ernte mit einem Trommelmähwerk Corto 285F. (© Claas)

Stelldichein zum Gruppenfoto: Ein Jaguar 960 Feldhäcksler (links), ein Traktor Axion 960 mit Terra Trac Raupenlaufwerk (Mitte) und ein Mähdrescher Lexion 750. (© Claas)

Der Deuliewag Record D25V (1950–1952) stellte mit vier angetriebenen, gleich großen Rädern zwar ein neues Konzept dar, war aber als Eigenentwicklung viel zu teuer für die kleine Firma. (© Deuliewag)

Das Modell F3M417 war mit 50 PS Leistung zu Beginn der 40er Jahre der leistungsstärkste Vertreter der Stahlschlepper von Deutz. (© www.der-schlepper.de)

Deuliewag stellte – anders als der Name »Deutsche Lieferwagen Gesellschaft« vermuten lässt – im Laufe der 1930er Jahre vor allem Straßen- und Ackerschlepper her. (© Deuliewag)

Der Deutz-Fahr Agrotron 7250 TTV ist das Spitzenmodell der Agrotron Serie 7. Er wurde im August 2012 präsentiert (im Bild) und 2018 überarbeitet. Derzeit ist er mit maximal 246 PS erhältlich. (© SAME Deutz Fahr)

Der Deutz-Allis 9170 wurde in den USA von White-New Idea für Deutz-Allis gebaut (1989–1992). Er hat einen 173 PS (129 kW) starken Deutz-Motor. (© Traktorler, CC-BY-SA 3.0)

die Celtis-Reihe verfügte über vier Modelle mit 72 bis 100 PS. Die drei Typen der Atles-Reihe waren leistungsstarke Traktoren von 232 bis 282 PS. Von Claas selbst entwickelt wurden 2004 der Schmalspurtraktor Nectis für den Obst- und Weinbau mit 56 bis 100 PS sowie der Axion ab 2006, mit Leistungen von 163 bis 225 PS. 2011 stellte Claas die Axion 900-Reihe vor; es erschienen die Modelle 920 (315 PS), 930 (345 PS), 940 (375 PS), 950 (405 PS) und schließlich noch der Axion 960, der mit 445 PS den stärksten Motor bekam. Sein CMATIC-Getriebe (stufenloser Antrieb) erlaubte ihm in beiden Fahrtrichtungen drei frei einstellbare Geschwindigkeitsbereiche; außerdem konnte der Axion 960 mit bis zu drei Zapfwellen versehen werden. Mit der 2008 vollzogenen kompletten Übernahme von Renault war der westfälische Landmaschinenbauer nun zum Komplettanbieter aufgestiegen und bietet nun Traktoren aller Größen- und Leistungsklassen, Mähdrescher und Häcksler an: Das Familienunternehmen zählt zu den größten Landwirtschaftskonzernen der Welt.

DEULIEWAG

1929 von Dr. Friedrich Wilhelm Jeroch in Berlin-Tegel als Zweigbetrieb der Borsig-Werke (Produktion von Dampfloks) gegründet, stellte die »Deutsche Lieferwagen Gesellschaft« (Deuliewag) im Laufe der 1930er Jahre vor allem Straßen- und Ackerschlepper her. Blieb der DA 13 mit seinem Junkers-Motor noch ein Prototyp, so wurde der nachfolgende DA 28 von 1936 in Blockbauweise und mit Zweizylinder-Güldner-Motor serienmäßig gefertigt. Alle weiteren Vorkriegstraktoren von Deuliewag bekamen einen Dieselmotor von Güldner, darunter der 30 PS starke DA 32 von 1938 mit Seilwinde und Bodenstützen. Auch im Krieg produzierte Deuliewag noch Traktoren, allerdings solche mit Holzgasantrieb: Der AZ 25 war ein Gemeinschaftsprodukt mit dem bisherigen Motorenlieferanten Güldner.

Ab 1948 entstanden wieder Deuliewag-Straßen- und -Ackerschlepper, diesmal in Hamburg. Die Traktoren sahen modern aus, der Grill an der Motorhaube erinnerte an die BMW-Niere. Verbaut wurden, neben Güldner-Motoren, nun auch solche von Deutz. Die Nachkriegsproduktion umfasste die Modelle D 24 (22/24 PS) und D 30 (28/30 PS), den leichte Schlepper D 15 (15 PS) und den schweren D 35 (36/38 PS). Sie galten allesamt robust und technisch auf der Höhe der Zeit, was vor allem für die letzten Typen galt, die Allzweckschlepper D 240 und besonders für den »Record D 25« von 1950 mit seinen vier gleich großen Rädern und Allradantrieb. Doch die in Kleinserie hergestellten Traktoren waren stets zu teuer, deshalb stellte das Unternehmen 1952 den Schlepperbau ein.

DEUTZ-FAHR

Im Jahr 1864 gründeten Nikolaus August Otto und Eugen Langen in der Kölner Altstadt die kleine Werkstatt »N. A. Otto & Cie.« Nach ihrem Umzug in den Kölner Stadtteil Deutz nannte sich der Betrieb »Gasmotorenfabrik Deutz AG«. Viel bedeutender als ihre Gasmotoren sollte allerdings ihr Viertakt-Verbrennungsmotor von 1876 werden.

Mitte der 1920er Jahre stellte der Betrieb, der sich inzwischen »Motorenfabrik Deutz AG« nannte, mit dem MTH 222 seinen ersten Dieselschlepper in Serienfertigung vor. Die Dieseltechnik steckte damals, soweit es den Fahrzeugdiesel betraf, aber noch in den Kinderschuhen, erst im folgenden Jahrzehnt schaffte sie den Durchbruch, bei Deutz mit der MTZ-Reihe ab 1929. Die Leistung des stärksten Modells der Reihe betrug 36 PS. Als die Kölner 1934 mit den »Stahlschleppern« in selbsttragender Blockbauweise den ersten richtigen Bestseller lancierten, hatte sich Deutz bereits mit der Humboldt AG zur »Humboldt-Deutz AG« zusammengeschlossen. Unter neuen Vorzeichen entstand so 1936 der »Elfer-Deutz«-Bauernschlepper mit Einzylinder-Viertaktdiesel und 11 PS für die bislang sträflich vernachlässigte Klientel der vielen Kleinbauern; es wurden 10.000 Stück verkauft.

1938 stieß die Firma »Klöckner-Werke AG« hinzu, sodass der neue Firmenname nun »Klöckner-Humboldt-Deutz AG« (KHD) lautete; das Unternehmen stieg zu einem der größten Fahrzeug- und Maschinenbauer im Deutschen Reich auf und überdauerte auch dessen Untergang.

Der Neubeginn glückte mit den bewährten Vorkriegsserien »Stahlschlepper« und dem jetzigen »11er Bauernschlepper«. Ab 1950 stand KHD mit seiner neuentwickelten, ausschließlich luftgekühlten Traktorenreihe 514 auf dem ersten Platz der deutschen Schlepperzulassungsstatistik, den sie auf Jahre hinaus behauptete. Der Leistungsbereich der neuen Deutz-Schlepper reichte nun bis 60 PS hinauf. Mit der D-Reihe kam KHD ab 1958 dem Trend zu stärkeren Traktoren nach. Spitzenmodell der Großtraktoren war Mitte der 1960er Jahre der D 80 mit 80 PS starkem Sechszylinder-Diesel und Servolenkung.

1962 begann die Zusammenarbeit mit dem Schlepperhersteller Fahr, den KHD schließlich in der ersten Hälfte der 1970er-Jahre ganz übernahm. Doch die goldenen Zeiten näherten sich dem Ende, in den 1970er-Jahren wurde es für Klöckner-Humboldt-Deutz zunehmend problematischer, die Marktposition im Traktorenbereich zu behaupten. Der Mehrzweck-Systemtraktor INtrac von 1972 sollte es richten, entwickelte sich aber zum finanziellen Desaster. Ab 1981 wurden die

1927 begann die Fertigung der »MTZ«-Reihe. Für Vortrieb sorgte ein liegender Diesel-Zweizylinder. Dieser Typ 220 ist von 1931. (© SAME Deutz-Fahr)

Der Deutz F1 M 414 aus der Familie der »Stahlschlepper« war 11 PS stark und der erste serienmäßige Kleinschlepper der Welt. Er wurde zwischen 1935 und 1942 10.034 Mal gebaut. (© SAME Deutz-Fahr)

Im Segment der mittleren Leistungsklasse hat die Serie 5 von Deutz-Fahr neue Maßstäbe gesetzt. Das ergonomisch optimierte und attraktive Design trägt die Handschrift von Guigiaro. (© SAME Deutz Fahr)

Der Deutz F 4 L 514 in Halbrahmen-Bauweise hatte einen luftgekühlten Vierzylinder-Motor mit 60, später 65 PS. Der Traktor wurde bis 1965 gebaut und stellte das stärkste Modell dieser ersten Nachkriegs-Schleppergeneration dar. (© SAME Deutz-Fahr)

Ein hübscher Schlepper: Der Deutz-Fahr 9340 TTV Agrotron hat für sein Design 2015 den Preis »Goldener Traktor« gewonnen. (© SAME Deutz Fahr)

Deutz-Fahr DX 4.57, 1983: Die Standard-Baureihe mit Vierzylinder-Motor war optional mit der »StarCab«, einer elastisch aufgehängten Kabine mit Heizung und Belüftung zu haben. (© SAME Deutz-Fahr)

Die Serie 6 TTV bietet leistungsstarke Motoren, stufenloses TTV Getriebe und vier Zapfwellengeschwindigkeiten mit zwei Sparzapfwellen, was sie universell einsetzbar macht. (© SAME Deutz Fahr)

Schleppermarken »Deutz« und »Fahr« zu »Deutz-Fahr« zusammengelegt. Die Marktführerschaft in Deutschland ging aber verloren. Das programmmäßig völlig unrealistische Engagement an einem amerikanischen Schlepperbauer war unrentabel. Notgedrungen entschied das Stammhaus Klöckner-Humboldt-Deutz im Rahmen einer Neuausrichtung seine Traktorensparte 1995 an die italienische SAME-Gruppe zu verkaufen. Unter dem neuen Besitzer brachte Deutz-Fahr dann u. a. die Agrotron-Großtraktor-Reihe auf den Markt.

Ein Dexheimer 510 Si im Einsatz mit 4-Zeilen-Sprühanlage im Obstbau. (© Dexheimer, PD)

DEXHEIMER

Im Jahr 1920 übernahm Georg Dexheimer den Vertrieb für die Maschinen der Traktorenbauer Fahr und IHC. Gegen Ende der 1950er Jahre versuchte sich Dexheimer dann erstmals selbst an der Herstellung von Pflanzenschutz-Selbstfahrern, wobei diese Fahrzeuge in erster Linie für den Einsatz im Weinbau konzipiert waren.

Einen nächsten und innovativen Schritt in diese Richtung vollzog das Unternehmen 1966 mit dem 22 PS starken Knicklenker »Dexheimer Allrad 222«, der ein neuartiges Fahrzeugkonzept darstellte und viele Nachahmer fand. In der zweiten Generation stieg mit dem AL 480 die Leistung auf 80 PS, der Antrieb erfolgte hydrostatisch. Mit der Schmalspur-Compaktklasse – SC – stellte die Firma Mitte der 1980er Jahre die dritte Schlepper-Generation vor. Ihre Leistungen bewegten sich zwischen 30 und 65 PS. 1990 erschien die Baureihe 300 Si mit den Modellen 360 und 380 (60 / 75 PS). Zur Jahrtausendwende folgte die Baureihe 400 Si mit vier Modellen zwischen 62 und 90 PS, 2007 die letzte Generation 500 Si (72 / 101 PS). Als diese Fahrzeuggeneration so langsam reif zur Ablösung gewesen wäre, entschied sich Dexheimer nach entsprechnder Markteinschätzung, stattdessen den Bau von Weinbautraktoren einzustellen und beendete die Fertigung 2013.

DTU

Die Deutsche Traktoren Union GmbH entstand 2004 als Tochterunternehmen der Land- & Kraftfahrzeugtechnik GmbH Stadtilm, Thüringen. Ziel der DTU war die Entwicklung, der Bau und der Vertrieb von Traktoren mit neuen Antriebskonzepten sowie der Vertrieb von Landmaschinen und Anbaugeräten für eine neue Traktorengeneration. Die erste Studie eines Allrad-Knicklenkers mit Kirowets-Komponenten erschien 2007, 2009 stand ein zweiter DTU-Prototyp als »Agro XXL« auf dem Deutz-Messestand der Agritechnica. Nach 2010 wurde es still um das Projekt. Die DTU brachte die beiden Großtraktor-Prototypen dennoch als T860 zur Einsatzreife.

Im Jahre 2015 übernahm die DTU die deutsche Generalvertretung für die russischen Kirowets-Traktoren. Mit Beginn des Jahres 2016 kam die Gebietsvertretung für Landmaschinen des russischen Landmaschinenkonzerns Rostselmash dazu.

Eicher ED 30, 1957, vor der Claas-LD-Niederdruck-Presse für Heu und Stroh. Diese gab es für 80 und 100 cm breite Ballen und wurde zwischen 1957 und 1971 angeboten. (© CLAAS KGaA mbH)

EICHER

Die Gebrüder Eicher stellten 1936 ihren ersten vierrädrigen Traktor (20 PS) vor, mussten ihn aber 1942 – wie alle Fahrzeugproduzenten, die noch Fahrzeuge bauen durften – auf den Betrieb von Holz umstellen.

Der DTU T860 ist ein absoluter Exot. Die Optimierung von Radlasten und Reifendruck führte zu einem Achtrad-Traktor mit Knicklenkung und einer Leistung von 600 PS. Es blieb bei einem Prototyp aus dem Jahr 2007. (© DTU, Stadtilm)

Deutz-Fahr stellte auf der Agritechnica 2009 erstmals den 600 PS starken Agro XXL vor. Der Prototyp wurde mit der DTU entwickelt und basierte auf dem T860. (© Hans-Christian Quick, cc by-sa 3.0)

Der DTU T860 wurde vor allem für die osteuropäischen Märkte konzipiert, daher nutzte der Prototyp Kirowets-Elemente. Unter der Haube sitzt aber der 15,8-l-Deutz TCD 2015 mit 600 PS. Das Powershift-Getriebe hält 18 Vorwärts- und sechs Rückwärtsgänge bereit. (© DTU, Stadtilm)

Ein Eicher-Schmalspurtraktor 3710 A74 von 1976. (© Claude S., PD)

Die »Eicher Tractor Corporation of India Private Ltd.« entstand 1959 als Joint Venture. Inzwischen gehören die indischen Eicher-Traktoren zu »TAFE Motors and Tractors Ltd.«. (© Eicher Tractors/ TAFE)

12-PS-Fahr D 12 H, 1952: Der Zusatz »H« in der Typenbezeichnung deutete auf eine hochgekröpfte Hinterachse hin, was den Schlepper für Kultivierungsarbeiten besonders empfahl. (© Wleiter, CC BY-SA 2.5)

Vom Fahr D 800 (1967–1968) wurden nur 55 Stück gebaut. Er ist weitgehend baugleich mit dem Deutz Deca A110. (© Lhmillemille, CC BY-SA 4.0)

Der Kombi G 25 ist ein Eicher-Geräteträger mit einer Leistung von 25 PS, der Mitte der 1960er Jahre gebaut wurde. (© Thomas Erler, PD)

Der Fahr D 133 N ist ein bis 1961 gebauter 25-PS-Schlepper, von dem über 5000 Stück verkauft wurden. (© Pr8de, PD)

Ein FAMO Ackerschlepper XL von 1938. (© Sammlung Gebhardt)

Der LHB Boxer (45 PS) wurde ab 1932 gefertigt. Ab 1935 wurde dieser Kettenschlepper als FAMO Boxer angeboten und kam im Zweiten Weltkrieg auch bei der Wehrmacht zum Einsatz. (© Sammlung Gebhardt)

Das war eine schmutzige Sache und kostete Leistung, daher war es in vielerlei Hinsicht gut, als 1946 der Bau der Zweizylinder-Modelle mit 22 und 24 PS aus Vorkriegszeiten wieder aufgenommen werden konnte. 1948 brachte Eicher mit dem ED 16 den weltweit ersten Dieselschlepper (17–19 PS) mit Luftkühlung heraus, was der Marke zu einem ernsthaften Rivalen für Lanz und Co. machte. Ende der 1950er Jahre trat dann die legendäre »Raubtier«-Reihe mit Modellen wie »Leopard«, »Panther« oder »Tiger« ihren Siegeszug an; 1960 landete Eicher mit der »Puma«-Reihe einen weiteren Verkaufsschlager für den Obst- und Weinbau.
Ungewöhnlich und unerwartet waren 1964 der Motorpflug »Agrirobot« sowie die Zugmaschine »FarmExpress«. Dier Verkäufe waren mäßig. Das, und die Ende des Jahrzehnts erstmals auf Talfahrt befindliche bundesrepublikanische Wirtschaft, beeinflussten auch Eichers neue Schlepperserie »3000«. Die Traktorfamilie leistete zwischen 28 und 95 PS. Die hohen Anlaufinvestitionen zusammen mit der Krise und Schwierigkeiten bei der Beschaffung von Getrieben führten Anfang der 1970er Jahre zu wirtschaftlichen Problemen, welche das Unternehmen in den folgenden Jahrzehnten begleiteten und schließlich Ende der Neunziger zur endgültigen Produktionseinstellung führten.

FAHR

1938 stellte die Landmaschinenfabrik Fahr aus Gottmadingen am Bodensee mit dem F 22 ihren ersten Schlepper vor, dem der HG 25-Einheitsschlepper folgte. Nach Krieg und Währungsreform erschien 1949 dann ein neue, verbesserte Fahrzeugreihe, ebenso der sogenannte »Einheitsschlepper« KT-10 sowie der in hohen Stückzahlen verkaufte D 17. Zusammen mit Güldner entwickelte und baute Fahr außerdem die Leichtschlepper D 66 / D 88 und die Europa-Reihe. Allerdings hinterließ auch die Krise in der Landwirtschaft ab 1957/58 ihre Spuren bei Fahr. Das führte zum Einstieg von Humboldt-Glöckner-Deutz. Der Traktorbau musste eingestellt werden, innerhalb des Konzerns war Fahr nun für den Bau von Erntemaschinen zuständig, die Traktoren baute nun Deutz. Die letzten eigenen Fahr-Traktoren verließen daher im Jahr 1961 die Werkshallen. bis 1964 montierte Fahr noch Deutz-Schlepper. Mitte der 1970er Jahre entstand die Marke Deutz-Fahr, die 20 Jahre später in der italienischen SAME-Gruppe aufgehen sollte.

FAMO

Die »Fahrzeug- und Motoren-Werke GmbH« (FAMO) entstand 1935 als Gründung des Flugzeugherstellers Junkers in Breslau. Die ersten beiden produzierten schweren Traktoren waren die Raupenschlepper »Rübezahl« mit 60 und 65 PS, »Boxer« mit 42 bzw. 45 PS sowie ab 1940 der mit 100 PS ungemein leistungsstarke »Riese«. Zum weiteren Programm von FAMO zählten Dieselmotoren. Ab 1940 stellte der Betrieb aber nur noch Fahrzeuge her, ausschließlich Raupenschlepper. 1938 indessen hatte Famo sich auch an einem Radschlepper versucht: der in Breslau gezeigte Großtraktor »XL« kam auf 42 PS und war an sich eine sehr gute Konstruktion für die großen Güter in Ostdeutschland. Der Zweite Weltkrieg machte alle Planungen zunichte, wiewohl der XL noch bis 1942 gebaut werden durfte. Die Raupe »Rübezahl«, umgestellt auf Holzgasbetrieb, blieb als einziges ziviles Modell im Programm, denn während des Zweiten Weltkrieges baute FAMO schwere Zugschlepper wie das Sd.Kfz. 9 oder die Selbstfahrlafette Sd.Kfz. 124 (»Wespe«) für die Wehrmacht. Auch dass FAMO die Verantwortung für den polnischen Traktorenhersteller URSUS übernahm (»Warschauer Vereinigte Maschinenfabriken GmbH«) war kriegsbedingt. Bei Kriegsende waren Teile der FAMO-Werke stark zerstört und Breslau war nunmehr polnisch. In dem wiederaufgebauten Werk etablierte sich die Elektromaschinenfabrik Dolmel, die hauptsächlich Kraftwerksgeneratoren herstellt.

FENDT

1928 gelang dem damals erst 17-jährigen Hermann Fendt in der elterlichen Schlosserei mit dem zunächst nur 4 PS, dann 6 PS starken »Grasmäher« der Bau eines funktionierenden Geräts, das die Arbeit kleinerer bäuerlicher Betriebe erleichtern sollte. Die Resonanz war großartig, umso mehr, als dass Fendt später von Benzin auf Diesel umstellte. Der neue Schlepper hieß »F 9 Dieselross« und legte den Grundstein für eine beispiellose Erfolgsserie. Das mit einem Deutz-Aggregat von zunächst 6, später 9 bis 12 PS Leistung ausgerüstete Gefährt war der erste Dieselkleintraktor in Europa und wurde schnell in Serie produziert, ab 1934 mit Luftbereifung.

Der erste echte Bestseller war ab 1933 das F 18 Dieselross mit Einzylinder-16-PS-Diesel und unter Last schaltbarer Zapfwelle. Bis 1942 wurden von ihm 2000 Stück produziert. Mit dem Nachfolgemodell F 22 wurde Fendt in den Schell-Typenbegrenzungsplan aufgenommen; natürlich ab 1942 umgestellt auf Holzgasbetrieb.

Nach dem Zweiten Weltkrieg folgte der Zusammenbau einiger F 18-Modelle aus Restteilen, denn erst 1950 konnte Fendt mit dem Universalschlepper F 15 die völlig überarbeitete Neuauflage seines Dieselrosses anbieten. Seine Kennzeichen: die modern abgerundeter Motorhaube, die grüne Lackierung, das selbst entwickelte Getriebe und ein 15 PS starker Motor, der von MWM zugekauft wurde. Fendt bot das Dieselross bald in verschiedenen Leistungsstufen an, die vom 15-PS-Kleindiesel bis zum 40-PS-Großschlepper reichten. Mit Beginn der 1950er-Jahre befanden sich die Marktoberdorfer damit in der Spitzengruppe der deutschen Traktorenanbieter und exportierten zudem in rund 30 Länder.

Ende der 1950er-Jahre ersetzte Fendt seine Dieselrösser durch eine neue, Schlepperreihe in drei Leistungsstufen. Ausgestattet meist mit luftgekühlten MWM-Motoren, bedienten Schlepper mit dem Namen »Fix« die mittlerweile rückläufige unterste Klasse von 15 bis 22 PS, solche mit der Bezeichnung »Farmer« deckten das begehrtere Mittelfeld der Leistungsstufen von 25 bis 65 PS ab, die Reihe »Favorit« schließlich umfasste die zukunftsträchtigen und leistungsstärksten neuen Fendt-Traktoren im Bereich zwischen 40 und 110 PS, wobei die Übergänge fließend waren und die Anforderungen ständig stiegen. Daher wurde nach dem Ende der fixen Fendt die Farmer-Reihe nach unten ausgebaut und die Farmer 100-Reihe mit 75-PS-Drei- und Vierzylinder-Die-

Vom Fendt Farmer 3 S wurden zwischen 1966 und 1972 über 14.000 Stück produziert. Er wurde bis 1968 mit runder Haube, danach mit eckiger Haube gebaut. (© Fendt AGCO GmbH)

Der Fendt Farmer 1 von 1958 mit neu gestylter Motorhaube und integrierten Scheinwerfern entwickelte sich zum meistverkauften Typ der Farmer-Baureihe. (© Fendt AGCO GmbH)

Das Dieselross war das Zugpferd im Stall von Fendt. Die beliebte Schlepperreihe half dem Unternehmen, nach dem Zweiten Weltkrieg an alte Verkaufserfolge anzuknüpfen. (© Sammlung Gebhardt)

Das Dieselross F 18 H mit liegendem Motor und Motorhaube von 1951 war die erste Fendt-Neuentwicklung nach dem Zweiten Weltkrieg. (© Fendt AGCO GmbH)

Das Fendt Full Line Programm mit der Fendt Ballenpresse, Fendt Mähwerk und den Fendt Futtererntemaschinen kam auf dem Markt gut an; hier mit Traktoren der Baureihe 500 Vario. (© Fendt AGCO GmbH)

Fendt 939 Vario mit Zwillingsbereifung. Dieser Traktor erschien 2010 und lieferte 390 PS. An bis zu 22 Schnittstellen lassen sich Zusatzgeräte anschließen. (© Fendt AGCO GmbH)

Seit Januar 2018 bietet AGCO seine Challenger-Raupentraktoren und die selbstfahrenden und gezogenen Spritzen in der Region Europa und Naher Osten unter der Marke Fendt an. (© Fendt AGCO GmbH)

Der Ideal 9T ist der Spitzen-Mähdrescher von Fendt mit einem 647 PS starken MAN-Motor. Er hat den größten Korntank, den es am Mähdreschermarkt gibt, mit 17.100 Litern Fassungsvermögen. (© Fendt AGCO GmbH)

Die Großtraktorenbaureihe Favorit 900 Vario hatte bei ihrem Serienstart 1996 noch das kantige Traktorenprofil. Seit 2002 trägt auch sie das neue Fendt-Design mit geschwungenen Linien. (© Fendt AGCO Gmbh)

Für die Baureihe 1000 Vario hat Fendt eine komplett neue Antriebstechnologie entwickelt: den VarioDrive. Er arbeitet hydrostatisch-leistungsverzweigt, aber nur noch mit einem Fahrbereich. (© Fendt AGCO GmbH)

Ein Fendt Katana Feldhäcksler befüllt den von einem Traktor der Reihe 500 Vario gezogenen Ladewagen. (© Fendt AGCO GmbH)

selmotoren eingeführt, ausgerüstet mit der Anfahrautomatik namens »Turbomatik«. Für Außenstehende nicht ganz nachzuvollziehen war die Tatsache, dass die ab 1974 angebotenen preiswerten Schmalspurvarianten für die Kunden mit Sonderkulturen wie Wein- und Obstanbau die Bezeichnung »Farmer 200« erhielten, ohne leistungsstärker zu sein. Zu Beginn der 1980er-Jahre gesellte sich eine weitere Farmer-Reihe mit der Kennzeichnung 300 hinzu und deckte sehr erfolgreich das Feld zwischen 62 und 115 PS ab. Die oberste Leistungsklasse bediente die Favorit-600-Serie, deren Sechszylinder-Diesel bis zu 135 PS zur Verfügung stellten, in ihrer LS-Variante bis zu 150 PS. Das Spitzenmodell Favorit 626 LS/LSA (1981–1985) bot sogar eine Motorleistung von 252 PS an. Fendt hatte nun die Spitzenposition in der deutschen Zulassungsstatistik und wurde von dieser Stelle erst in den 1990er Jahren von John Deere verdrängt.

Die 1990er-Jahre sahen neben einer neuen Generation an Farmer-/Favorit-Traktoren (bis zu 230 PS stark) mit dem Xylon einen Systemtraktor, ähnlich dem MB-trac von Daimler, der in den Leistungsstufen 110, 125 und 140 PS zum Kauf stand. Als besonders innovativ erwies sich das Mitte der Neunziger entwickelte, unter Last stufenlos verstellbare Vario-Getriebe, mit dem zuerst die Favorit 900-Reihe ausgestattet wurde. Die neuen Vario-Schlepper-Reihen zeigten sich ab Ende des Jahrzehnts in einem neuen, modern-futuristischen Design aus dem Hause Porsche und boten Leistungen bis zu 300 PS, später sogar noch darüber.

Um das Unternehmen abzusichern, suchte und fand die Familie Fendt in dem amerikanischen Landwirtschaftsunternehmen AGCO (Allis-Gleaner Corporation) einen starken Partner und konnte dort als eigenständigeTraktormarke weiterbestehen. Ab 1998 erweiterte Fendt sein Fahrzeugangebot schrittweise um Mähdrescher, Häcksler und Ballenpressen aus den weltweiten AGCO-Werk, darunter auch in Dänemark. Als Studie entstand 2007 der 520 PS starke Trisix Vario-Großtraktor, ein Dreiachser, der aber nicht in Serie ging. Er diente lediglich als Leistungsbeweis. Alle Fendt-Taktoren nach der Jahrtausendwende gehörten zur Vario-Reihe mit ihren ausgefeilten Technik-Features, die in diesem Falle unter der Bezeichnung Variotronic subsummiert wurden. Die Motorleistungen lagen Mitte der 2010er Jahre bei 226 bis 396 PS; die von AGCO übernommenen Großtraktoren der MT-Serie, teils mit Raupenfahrwerk, kommen auf bis zu 598 PS.

Auch optisch änderten sich nach der Übernahme die Fendt-Traktoren: Hatte die Großtraktorenbaureihe Favorit 900 bei ihrem Serienstart 1996 noch die bis dahin typische kantige Fendt-Traktoroptik, so hielt 2002 ein neues, bis heute typisches Design mit geschwungenen Linien Einzug. Für die Baureihe 1000 Vario hatte Fendt eine komplett neue Antriebstechnologie entwickelt: den VarioDrive. Er arbeitet hydrostatisch-leistungsverzweigt in einem Fahrbereich und ist bis heute das Maß aller Dinge in diesem Sektor.

Der Grimme Varitron 470 ist ein Kartoffelroder mit 7-t-Bunker. Die diversen anbaubaren Trenngeräte sind vielfach kombinierbar. (© Grimme GmbH & Co. KG)

Der Rübenroder Rexor 630 ist sechsreihig, besitzt einen 30-Tonnen-Bunker und eine Leistung von 625 PS. (© Grimme GmbH & Co. KG)

Güldner G75, gebaut von 1965 bis 1969. (© High Contrast, CC-BY-3.0)

LANDMASCHINEN

Die Kartoffelroder von Grimme verfügen über Bunker mit Kapazitäten von 5,5 bis 8 Tonnen. (© Grimme GmbH & Co. KG)

Im Vordergrund ein Hako Einachsschlepper mit Hakomatic-Getriebe, zum Kleinschlepper erweitert mittels Anhänger. (© Chiemsee Man, PD)

GRIMME

Die Grimme-Gruppe hat sich besonders spezialisiert auf die (Automatisierungs-) Technik rund um Kartoffeln, Rüben und Gemüse. Hervorgegangen ist die Grimme Landmaschinentechnik aus einem im Jahr 1861 von Franz Carl Grimme in Damme gegründeten Schmiedebetrieb. Dieser begann in der väterlichen Schmiede eine Art Serienfertigung eines Kartoffelsammlers.

Franz Grimme und seine Nachfahren verfeinerten die Technik dann weiter, bauten Schleuderrad-Roder (Verkaufsbezeichnung »Unerreicht«) sowie Sieb-Roder. Im Jahr 1936 stellte das Familienunternehmen den ersten Vollernter vor, der bereits modernen Kartoffelrodern glich. Im Jahr 1956 entwickelte Grimme mit dem »Grimme-Universal« den ersten automatischen Kartoffel-Vollernter, diesem folgte 1966 der »Europa Standard«. Die Einführung eines Selbstfahrers gelang ab 1998 mit den selbstfahrenden Rodern SF 150-60 (zweireihig), SF 3000 (vierreihig) und schließlich 2001 dem Tectron 415 (vierreihig). Weitere Vertreter sind der 460 PS starke Varitron 470 mit 7-Tonnen-»Nonstop-Bunker« sowie der Ventor 4150 mit 530 PS.

GÜLDNER

Hugo Güldner und Prof. Carl von Linde gründeten 1904 in München die »Güldner Motoren Gesellschaft«. Die junge Firma konzentrierte sich auf die Entwicklung von Motoren. 1931 begann Güldner, Fordson-Schlepper auf Güldner-Viertakt-Motoren umzurüsten. Nach dem Prototyp T 40 entstand 1938 mit dem A 20 der erste selbstentwickelte Güldner-Traktor mit 20 PS.

Ab 1946/47 entstanden die Zweizylinder-Schlepperreihen A 28 und A 30, ein Jahr später in Zusammenarbeit mit Fahr der AF 30. Weitere Modelle waren AZK mit 12/14 PS, ALD mit 16 PS, ABN und ABL mit 25 PS sowie der schwere 35-PS-starke AFN. Ab 1959 wurde in Zusammenarbeit mit Fahr die »Europa«-Schlepper-Reihe vorgestellt. In den frühen 1960er Jahren führte Güldner zuversichtlich die hochmodernen Modelle der G-Reihe (15-75 PS) ein. Weil der Schleppermarkt aber gesättigt war, gab 1969 die Linde AG als Muttergesellschaft die Traktorensparte auf und rüstete das Aschaffenburger Werk zum Gabelstapler-Produzenten um.

HAKO

Schon in den 1920er Jahren hatte Hans Koch mit der »DiMoHa – Die motorisierte Hand« eine auf dem Rücken tragbare Motorhacke entwickelt. 1948 gründete er dann das Unternehmen Hako (Hans Koch & Sohn) im schleswig-holsteinischen Pinneberg, in dem er erneut Motorhacken herstellte und sie zu Einachs-Schleppern (»Hakorekord«, 6 PS) weiterentwickelte, die nicht nur pflügen, sondern auch Fräsen, Hacken und Transportieren konnten. In den 1960er Jahren begann Hako mit dem Bau von zweiachsigen Vierrad-Kleinschleppern. Mit der »Hakotrac«-Serie gelang eine bis in die 2014er Jahre andauernde Erfolgsserie. Zu ihren Besonderheiten gehörten ihr niedriges Gewicht, ihr stufenloses automatisches Getriebe mit Rückwärtsgang (Hakomatic) und ihre veränderbare Spurweite. Mit der ebenfalls zu Beginn der 1960er Jahre auf den Markt gebrachten neuen Produktreihe der Saugkehrmaschinen wandte sich Hako zusätzlich Geräten für kommunale Anwendungen zu. Einer der erfolgreichsten Kleinschlepper der Hakotrac-Reihe war das 12 PS starke Modell 1400, das zu Beginn der 1980er Jahre vorgestellt wurde. Mehr Leistung boten die Modelle 3500 und 3800 D bzw. DA. In den 1990er Jahren wuchs die Leistung auf bis zu 41 PS; Spitzenmodell war der »Hakotrac 4500 D« mit 50 PS. Seit 2012 sind die Hako-Werke mit der Hako International GmbH zur neuen Hako GmbH verschmolzen.

Ein »Hakotrac 2100 DA« im Forsteinsatz. Auf den Markt kam dieser in Zusammenarbeit mit der Firma Yanmar entstandene Schlepper im Jahr 2000, deshalb auch der Namenszusatz auf der Motorhaube. (© Mheinemann, GFDL)

HANOMAG

Mit der Ausweitung des Portfolios auf Lokomobile stellte die »Hannoversche Maschinenbau Actien-Gesellschaft«, bisher Hersteller von Dampfmaschinen und Lokomotiven, den ersten Kontakt zur Landwirtschaft her.

Mit dem WD 12 erschien 1912 ein 80 PS starker Tragpflug, der jedoch in Deutschland nach dem Krieg wegen seiner Größe unwirtschaftlich war. Ab 1919 entstanden Kettenschlepper mit 28 und 50 PS für die Forstwirtschaft, den Rübenanbau und für den Einsatz im Gebirge. Das eingeschränkte Einsatzspektrum verhinderte auch dieses Mal eine weitere Verbreitung. Der nächste Anlauf in Sachen Landtechnik erfolgte 1924 in Gestalt des WD-Radschleppers R 26 A mit Benzinmotor. Ihm folgte 1928 der zunächst ebenfalls noch mit Vergasermotor und Eisenbereifung versehene R 28. Diese Generation von Radschleppern verhalf Hanomag zum Durchbruch als Traktoranbieter. Mitten in der Weltwirtschaftskrise überraschte Hanomag 1931 mit dem weltweit ersten Großserien-Dieseltraktor. Der Hanomag RD 36 mit eigenem Selbstzünder verkaufte sich angesichts der Krise erstaunlich gut. Eine weitere Pionierleistung glückte Hanomag 1937 mit dem Bauernschlepper RL 20, welcher vier gleich große Räder hatte und auch die Basis für die erfolgreichen Straßenzugmaschinen bildete.

Der erste neue Hanomag-Traktor nach dem Krieg war der mittlere Allzweckdieselschlepper R 25, der größte war schließlich der Robust 900 S (oder A mit Allradantrieb) in rahmenloser Blockbauweise mit 85 PS von 1967. Daneben bot Hanomag mit seiner K-Reihe Raupenschlepper an, die auch in der Bauwirtschaft eingesetzt wurden. Doch auch damit vermochte das Unternehmen, das nach diversen Weiterverkäufen mit Henschel verschmolzen worden war, nicht mehr das Ruder herumzureißen und stellte 1971 den Schlepperbau ein.

Der 38 PS starke Hanomag Granit 500 wurde in den 1960er Jahren auf den Markt gebracht. (© Lothar Spurzem, CC-BY-SA-2.0-DE)

HATZ

Im Jahr 1880 gründete Matthias Hatz eine Reparaturwerkstatt für Dampfmaschinen und landwirtschaftliche Geräte. 25 Jahre später bot Hatz erfolgreich einen liegenden Benzinmotor mit 4 PS Leistung an. Diesem folgte 1910 der erste Glühkopf- und nach dem Ersten Weltkrieg der erste Dieselmotor von Hatz.

Kurz vor Beginn des Zweiten Weltkriegs fertigte der Motorenhersteller seinen ersten Schlepper »Hatz L 1« mit einer Leistung von bis zu 16 PS. Von Grund auf selbstkonstruiert war dann der »Typ A« mit stehendem 22-PS-Zweitaktdiesel. 1953 erschien die sogenannte T-Reihe, leichte

Hanomag Granit 501 ES. Sein Dreizylinder-Motor bescherte ihm eine Leistung von 48 PS. (© Perfekt 401 es, CC-BY-SA-3.0)

Der Hanomag C 115 Greif wurde von 1960 bis 1962 produziert. (© Ole Husby, CC-BY-SA-2.0)

Der Radschlepper WD R 26 war Hanomags erster großer Erfolg auf dem Traktorensektor 1924. Sein vierzylindriger Mehrstoff-Ottomotor leistete 26 PS. (© R. Weinreich)

Die letzte Schlepper-Reihe von Hatz kam zu Beginn der 1960er Jahre auf den Markt. Dieses Bild wirbt für die Modelle H 113 und H 120 mit 13-PS-Einzylinder-Diesel bzw. 22-PS-Zweizylinder-Diesel. (© Slg. Gebhardt)

Ein Vertreter der H-Reihe von Hatz, der mit zweifarbigem Äußerem auf sich aufmerksam machte und an alte Erfolge anknüpfen sollte. (© High Contrast, CC-BY-SA-3.0)

und mittlere Schlepper mit Leistungen zwischen 13 und 32 PS. 1954 präsentierte Hatz die TL-Serie mit luftgekühlten Viertaktern bis zu 38 PS. Zu Beginn der 1960er Jahre folgten mit der H-Reihe leistungsstärkere Traktoren (bis zu 40 PS). Doch diese konnten nicht mehr an alte Erfolge anknüpfen und Hatz beendete 1964 den Traktorenbau.

HELA

Hermann Lanz stellte ab 1914 in der väterlichen Reparaturwerkstatt im schwäbischen Aulendorf neben landwirtschaftlichen Geräten auch den erfolgreichen Motorkarren »Ideal« her. Ab 1929 bot das Werk den Mähschlepper »Samson« zum Verkauf an und in den 1930ern kam einer namens »Herkules« hinzu. Anschließend erschienen die ersten richtigen Schlepper aus der »Schlepperfabrik Hermann Lanz GmbH«, nämlich die Modelle D 37 (20 PS), D 11 (11 PS) und D 40 (22 PS).
Das Unternehmen überstand die Kriegszeit und wagte Ende der 1940er Jahre den Neustart mit den beiden Nachkriegskonstruktionen D 47 (22 PS) und D 28 (28 PS); das Programm wurde dann rasch erweitert durch Traktoren in den Leistungsklassen zwischen 14 und 40 PS. Inzwischen aber gab es Ärger wegen des Namens, denn der Mannheimer Schlepperhersteller Heinrich Lanz klagte wegen Verwechselungsgefahr. Die Aulendorfer bekannten sich daher um in »HELA« und schrieben meist noch die Herkunft »Aulendorf« dazu . Solchermaßen korrekt gekennzeichnet, baute man die Schlepper »Varimot« mit »Helamatic«-Steuerung. Die Spezialschlepper verkauften sich nicht schlecht, dennoch musste 1967 der Motoren- und 1978 der Schlepperbau eingestellt werden.

HOLDER

Ab 1930 fertigte die »Maschinenfabrik Holder« in Metzingen einachsige Motorfräsen und -schlepper. Mit dem A 10 brachte Holder dann einen vierrädrigen Schlepper mit 10-PS-Dieselmotor auf den Markt. 1938, pünktlich zum 50-jährigen Jubiläum des Betriebs, erschien der erfolgreiche Motorschlepper »Pionier« mit einer stärkeren Zugmaschine unter der Bezeichnung NHT – Neuer-Holder-Traktor. Im Zweiten Weltkrieg fertigte der Betrieb den holzgasbetriebenen 8-PS-»Pionier-EHG«. Kleindieselmotor, der dann von Fichtel & Sachs in Großserie gebaut wurde. Anfang der 1950er Jahre entstand der stark nachgefragte Holder B 10-Kleinschlepper, danach der sehr wendige »Cultitrac A 10« mit Allradantrieb und vier gleich großen Rädern sowie hydraulischer Knicklenkung. Holder entwickelte anschließend eigene Zweitakt- und schließlich eigene Viertakt-Dieselmotoren, die in immer leistungsstärkere Traktoren eingesetzt wurden. Doch die Krise des Schleppermarktes in den 1980er Jahren führte zur Einstellung der ambitionierten Motorentwicklungen im Hause Holder.
Nach mehreren Übernahmen in den 1990er Jahren und einer Insolvenz 2008 stellt das Unternehmen als »Max Holder GmbH« Maschinen für Landwirtschaft, Kommunen, Garten- und Weinbau her. Seit 2018 ist der Firmensitz in Reutlingen; 2019 gab die Alfred Kärcher SE & Co. KG die Übernahme sämtlicher Unternehmensanteile bekannt.

Mitte der 1950er Jahre erschien der Hela D24 mit Anfangs 22, später dann 24 PS Motorleistung. (© High Contrast, CC-BY-SA-3.0)

Holder-Maschinen spielen in der Landwirtschaft nicht mehr die große Rolle. Die wendigen Geräteträger haben sich im Kommunaldienst etabliert. Im Bild ein Holder S130 mit Zweimann-Fahrerkabine, der größte Knicklenker des Herstellers mit Allradantrieb, Front- und Heckkraftheber, dem hydraulisch kippbaren Aufbauraum mit Schnellwechselsystem und mechanischer Frontzapfwelle (© Kärcher Municipal GmbH)

Für den Einsatz in der Rübenernte wartet der Terra Dos T4-40 von Holmer mit 626 PS Leistung auf. (© Holmer Maschinenbau)

Auf das Jahr 1962 datiert das Baujahr des D 24 mit 25 PS. (© Ralf Weinreich)

Der Holder Cultitrac hatte vier gleich große Rädern, Allradantrieb und hydraulische Knicklenkung. (© 4028mdk09, CC-BY-SA 3.0)

Der Kleinraupenschlepper DE 52 SL, den Hummel 1952 herausbrachte, verfügte über 10 PS. (© Sammlung Gebhardt)

In den 1960er-Jahren baute das Heitersheimer Hummel-Werk auch knickgelenkte Schlepper wie den Duplo Trac A 12. (© Sammlung Gebhardt)

Links im Bild ein R 01/40-1 »Pionier« , daneben ein RS 01/40 H »Harz«. (© Ralf Weinreich)

Von links nach rechts: der Raupenschlepper KS 06, der RS 01/40 »Pionier« und der FAMO Raupenschlepper. (© Ralf Weinreich)

1949 stellte das Schlepperwerk Brandenburg den RS 03/30 »Aktivist« vor. Doch der 30-PS-Traktor wies von Anfang an einen Konstruktionsfehler auf, der ein Aufbäumen des Fahrzeugs zur Folge haben konnte. (© Ralf Weinreich)

Mit den Traktoren ZT 300 (ab 1967) und ZT 303 (ab 1971) fand die DDR wieder Anschluss an den internationalen technischen Standard. (© Hersteller)

HOLMER

Alfons Holmer im niederbayrischen Eggmühl entwickelte einige pfiffige Erntelösungen, sodass Zuckerrüben-Anbauer und -produzenten ihn beauftragten, eine Maschine zu entwerfen, mit der die Rübenernte schneller und effektiver erfolgen konnte als bislang. 1974 stellte Holmer mit Unterstützung von Hermann Paintner den ersten sechsreihigen »Kopfrödebunker selbstfahrend« (KRBS) fertig. Holmer verbesserte die Technik und vergrößerte die Rader, was zu geringeren Bodendrücken führte – und dem KRBS zum Durchbruch verhalf. Holmers selbstfahrende Rübenroder wurden zum Standard bei der Zuckerrübenernte. Im Jahr 1996 wurde mit dem allradgelenkten Knicklenker »Terra Dos« die zweite Generation von Rübenrodern vorgestellt. Der Terra Dos T2 verfügte über einen 460-PS-MAN-Motor. Die Nachfolgereihe Terra Dos T4-40 von 2013 war die erste von Holmer konsequent nach dem Baukastenprinzip aufgebaute Selbstfahrer-Familie. Sie besteht aus Zwei- und Dreiachsern und hat ein Bunkervolumen von bis zu 45 Kubikmetern. 2014 wurde der zweiachsige Terra Dos T4-30 vorgestellt; er basierte auf dem T4-40 und hatte ein Bunkervolumen von ca. 30 Kubikmetern. Ebenfalls im Programm sind die Reinigungslader der Reihe Terra Felis, die Trägerfahrzeuge der Reihe Terra Variant sowie der kompakte Roder Light Trax.

HUMMEL

1950 brachte der Schwarzwälder Familienbetrieb »Anton Hummel & Söhne, Maschinenfabrik Heitersheim« erstmalig einen Einachsschlepper auf den Markt, der zuerst mit Benzin-, später mit Zweitaktdieselmotoren von Fichtel & Sachs, ILO und Stihl ausgerüstet war. Der Einachs-Schlepper DS 53 von 1953 konnte sogar zu einem Kleintraktor ausgebaut werden mit Fahrersitz und einem Steuerrad zum Lenken. 1954 stellte Hummel seinen ersten Vierradschlepper vor, den DT 54, der über einen 10-, später 12-PS-Dieselmotor verfügte. Als Besonderheit konnte sowohl ein Seiten- als auch ein Frontmähwerk angebaut werden. Weitere Produkte waren neue Einachser, Kleintraktoren mit stärkeren Motoren, Schmalspurschlepper und Knicklenker mit Getriebe aus eigener Fertigung. Ende der 1960er Jahre gab der lediglich im regionalen Umfeld tätige Betrieb Hummel angesichts überlegener Mitbewerber den Traktorenbau auf.

IFA

Zu DDR-Zeiten wurden im Zug der Verstaatlichung verschiedene Firmen und Betriebe (VEB) mit ähnlichem Produktionsprofilen zusammengelegt. Diese unterstanden dem Industrieverband Fahrzeugbau (IFA). Diese Bezeichnung wurde dann auch als Markenzeichen verwendet, unabhängig vom Produktionsstandort und dem, was dort früher gebaut worden war: Der 40 PS starke RS 01/40 »Pionier« von 1949 als erster in Ostdeutschland gebaute Nachkriegsschlepper kam aus dem ehemaligen Horch-Werk der Auto-Union in Zwickau, dem jetzigen VEB HORCH Kraftfahrzeug- und Motorenwerke Zwickau. Er wurde bis 1958 in hohen Stückzahlen gebaut. Seinen Ursprung hatte der »Pionier« im seit 1935 gebauten FAMO-Modell.

LANDMASCHINEN

Den Großserienbau übernahm 1950 der VEB IFA Schlepperwerk Nordhausen, das seit 1949 den Nachkriegsschlepper RS 02/22 »Brockenhexe« mit Lizenz-22-PS-Deutz-Dieselmotor produzierte. Der »Pionier« wurde in hoher Zahl als Zugpferd der LPG-Betriebe bis 1958, zuletzt als Typ »Harz« gebaut. Aus dem nachfolgenden RS 14/30 »Favorit« entstand ab 1958 die »Famulus«-Baureihe, bis das Nordhäuser Werk 1965 zum Motorenhersteller »umprofiliert« wurde.

1949 rollte aus dem »VEB Brandenburger Traktorenwerke«, dem früheren Brennabor-Automobilwerk, der technisch verunglückte Traktor RS 03/30 »Aktivist« mit V2-30 PS-Motor. Besser schlug sich der einstige 60-PS-Vorkriegsraupenschlepper FAMO »Rübezahl«, der als Typ KS 07/60 neu aufgelegt wurde. 1956 stellten die Brandenburger dann den KS 30 »Urtrak« mit Pendelrollenfahrwerk vor, der bis 1965 im Programm blieb. Zu einem Hauptproduktpfeiler des VEB IFA Traktorenwerk Schönebeck wurde der Geräteträger RS 08/15 »Maulwurf« ab 1952. Im Jahr 1967 ging dort der 93 PS starke ZT 300 in Serie. International mithalten konnten auch der 1984 vorgestellte ZT 320 und ZT 323 (mit Allradantrieb). Nach 1978 gehörten übrigens alle diese Hersteller zum »Kombinat Fortschritt Landmaschinen« in Neustadt / Sachsen.

IHC, NEUSS

Die Abkürzung steht für die 1902 gegründete »International Harvester Company«, einem Zusammenschluss mehrerer US-amerikanischer Landmaschinenhersteller. Der Name benannte das Ziel: Expansion. Daher entstanden schon kurz nach der Gründung Niederlassungen zunächst in England und weiteren Ländern des britischen Empires, anschließend in Schweden, Russland und im Jahr 1908 in Neuss bei Düsseldorf.

Zwei Jahre zuvor hatte der amerikanische Mutterkonzern mit den Modellen »Titan« und »Mogul« seine ersten beiden Traktoren vorgestellt. Doch diese großen und klobigen Eisenungetüme wollte in Deutschland niemand haben. Es erwies sich für IHC deshalb als die richtige Entscheidung, in Übersee eigene Produktionsstatten einzurichten, nicht nur, um die teuren Kosten für die Transporte aus den USA in die Zielländer einzusparen, sondern auch, um die Landwirtschaftsmaschinen marktgerecht für das jeweilige Land konstruieren zu können. Denn die Bedingungen im kleinräumigeren Europa unterschieden sich deutlich von denen in den Staaten. Ein bloßer Vertrieb der US-Erzeugnisse fand deshalb in Deutschland nur für eine Übergangszeit statt, dann fertigte das Werk in Neuss eigene Landmaschinen, allerdings noch keine eigenen Traktoren.

Während die Maschinen in den USA die Namen beider Firmengründer trugen, McCormick und Deering, wurden sie in Deutschland aufgrund verschiedener Vertriebsorganisationen nur jeweils entweder mit dem einen oder dem anderen Namen versehen.

JOHN DEERE, MANNHEIM

Nach dem Ersten Weltkrieg stieg der amerikanische Landmaschinenhersteller John Deere mit dem »Waterloo Boy« in die Herstellung von Traktoren ein. Der Landmaschinenhersteller gehörte rasch zu den

F 12 G lautete die Bezeichnung des ersten McCormick-Schleppers aus dem deutschen Werk in Neuss. Von 1937 bis 1940 wurde der F 12 G in recht hoher Zahl produziert. Seine Motorleistung lag bei 15 PS. (© Ralf Weinreich)

Die Quantum V-N-F-Reihe von Case IH ist für den Einsatz in Weinbergen und Obstfeldern konzipiert. (© Case IH)

Ab 1915 in den USA verkauft: IHC Titan10-20. (© Ralf Weinreich)

Von 1924 an produzierte IHC die erfolgreiche »Farmall«-Reihe. Das abgebildete Modell H ist bereits im typischen IHC-Rot lackiert und trägt mit McCormick und Deering in der US-Version die Namen beider Firmengründer auf der Haube. (© Case IH)

Diesel-Schlepper baute IHC seit 1953. Mit der ersten Überarbeitung 1955/56 folgte auch eine Umbenennung. Jetzt gab die erste Ziffer die Zylinderanzahl, die nachfolgenden Ziffern die PS-Leistung an. Der IHC D-324 »Farmall« von 1956 hatte also einen 24 PS starken Dreizylinder-Diesel. (© Dirk Endisch)

1956 übernahm John Deere den deutschen Schlepperhersteller Lanz, hier zu sehen mit dem Erfolgsmodell Bulldog. (© Koni, PD)

Nicht für Deutschland bestimmt: ein Traktor der Serie A (1935 bis 1950) als Plantagenschlepper mit den Abdeckungen, um bei einer Durchfahrt Beschädigungen an den Bäumen zu verhindern. (© Randy, cc-by-sa 2.0)

Bei den Feldhäckslern bilden die beiden Reihen 8000 und 9000 die Spitzenmodelle bei John Deere. (Foto: © Deere & Company)

Für den Pflanzenschutz hat John Deere die beiden selbstfahrenden Feldspritzen R4140i und R4150i im Programm. (© werktuigendagen, CC-BY-SA 2.0)

Das Modell 3140 erschien von 1979 bis 1986. Eine neu gestaltete SG2-Kabine, ein 97-PS-Sechszylinder-Diesel und eine komfortable Bedienungskonsole gehörten zu seinen Merkmalen. (© Deere & Company)

Die 8000er Serie von John Deere umfasst aktuell acht Maschinen und deckt ein Leistungsspektrum von 380 bis 843 PS ab. Die Maisvorsätze und Pickup zur Ganzsilage baut Kemper in Stadtlohn für John Deere. Das Unternehmen gehört seit 1998 zum US-Konzern. Je nach Vorbaugerät muss das Heck aber ballastiert werden. (© Deere & Company)

John Deere T670 Mähdrescher aus dem Jahr 2016. Sein Sechszylinder-PSS6090 HZ017-Motor beschert ihm eine Maximalleistung von 455 PS. (© Deere & Company)

Die John Deere Großtraktoren der 8RX- und 9RX-Reihen besitzen vier Raupenfahrwerke. (© Deere & Company)

führenden Anbietern in diesem Segment, denn durch sein gewaltiges Vertriebsnetz (vor allem Pflüge) war er überall in den USA vertreten. Der Schritt nach Europa erfolgte erst in den 1950er-Jahren, damals machte John Deere außer mit neuen Traktorreihen auch mit zahlreichen Innovationen auf sich aufmerksam. So kamen die ersten selbstfahrenden Mähdrescher, Baumwollpflücker und Maisernter auf den Markt, und alle waren serienmäßig mit elektrischem Anlasser ausgerüstet. Zusätzlich bereitete John Deere in dieser Zeit eine brandneue und moderne Schlepperreihe vor, deren Entwicklung stolze sieben Jahre in Anspruch nehmen sollte.

Um auch auf dem europäischen Markt Fuß zu fassen, verschaffte sich der Konzern 1956 die Aktienmehrheit beim angeschlagenen deutschen Traktorenhersteller Heinrich Lanz; 1960 verließen die ersten John Deere-Schlepper das Mannheimer Werk als Ersatz für die alten Lanz-Bulldogs. Die Modelle 300 (28 PS) und 500 (36 PS) trugen noch den Doppelnamen John Deere-Lanz. Bei diesen Traktoren handelte es sich erstmals um moderne, in Halbrahmenbauweise gefertigte Vierzylinder-Modelle. Spitzenmodell wurde der 65 PS starke 3010. Ab der 10er-Reihe Mitte der 1960er-Jahre verzichtete Deere erstmals ganz auf den renommierten Namen Lanz. Die Vielzahl an weltweiten Filialen erforderte nun von den verschiedenen Werken Kooperation und gemeinsame Standards. Bestimmte Reihen der John Deere-Traktoren kamen von nun an aus der Mannheimer Produktionsstätte, die sich so zum größten John Deere-Werk außerhalb der USA entwickelte. Hier ist außerdem der Hauptsitz des Konzerns für Europa beheimatet. Weitere Standorte von John Deere in Deutschland sind in Bruchsal (Fahrerkabinen), Zweibrücken (seit den 1960er-Jahren: Mähdrescher u. a.), Gummersbach (bis 2020, SABO-Rasenmäher) und Stadtlohn (Erntevorsätze der 1995 aufgekauften Firma Kemper). Der größte Teil der in Deutschland produzierten Maschinen wird in alle Welt exportiert, in letzter Zeit besonders nach Asien und Osteuropa. Global ist der Landmaschinenhersteller in über 30 Ländern mit zahlreichen Niederlassungen vertreten. Seine Produkte werden in über 160 Ländern verkauft.

KAELBLE

1884 in Stuttgart-Cannstatt gegründet, versuchte sich die »Carl Kaelble GmbH« ab 1932 mit selbstkonstruierten Zwei- und Dreizylinder-30-PS-Dieselmotoren auch an schweren Traktoren. Z 2 A, Z 3 A (30 und 55 PS) und der in zwei Varianten erhältliche Z 2 AS (Acker- oder Straßenschlepper) waren schwere, mit Eisenreifen versehene Traktoren. Doch die Acker-Fahrzeuge waren für ihren Einsatzzweck zu schwer und Kaelble gab deren Fertigung auf. Erst in den 1970er Jahren brachte Kaelble die beiden schweren Raupenschlepper PR 12 und PR 14 M auf den Markt, die auch für die Landwirtschaft gedacht waren. In den 1990er Jahren meldete das Unternehmen Konkurs an und ging letztlich in den Besitz der amerikanischen Terex-Gruppe über.

KELKEL

1937 stiegen in Asperg bei Stuttgart die Brüder Josef und Gottfried Kelkel in den Traktorenbau ein, mussten diesen mit Ausbruch des

Zweiten Weltkrieges jedoch wieder einstellen. Nach dem Krieg setzten sie die Traktorproduktion in Tamm fort. Ab 1949 versuchten beide Brüder getrennt ihr Glück mit einer eigenen Schlepperfirma. Bis zu seinem Tod im Jahr 1953 baute Josef Kelkel die Schleppermodelle der JK-Serie (JK 12, 18, 20, 25/28) sowie die Modelle K 14, 22/24, 18 und 40, deren Motoren er von Güldner oder MWM bezog; sie leisteten zwischen 15 und 40 PS. Gottfried Kelkel stellte ebenfalls in Tamm noch bis ins Jahr 1956 Traktoren her.

KEMNA

Mit dem Wissen um die Patente des englischen Dampflokomobil-Königs John Fowler stieg Kemna zum führenden Dampfpflug-Bauer in Europa auf. Nach dem Ersten Weltkrieg verabschiedete sich Kemna von der veralteten Dampftechnologie und brachte 1923 erfolgreich die erste deutsche Diesel-Straßenwalze auf den Markt. Der Start 1939 in den modernen Schlepperbau endete schon rasch durch staatlichen Eingriff. Im nach dem Zweiten Weltkrieg polnischen Breslau entstehen bei dem Nachfolgeunternehmen Baumaschinen, Walzen und Grader. Im Mai 2004 wurde das Unternehmen privatisiert und an die Firma Bombardier verkauft. In Westdeutschland begann die Firma Hagelstein in Lübeck-Travemünde, Kemna-Baumaschinen zu produzieren. Heute existiert das Unternehmen unter dem Namen KEMNA BAU Andreae GmbH & Co. KG in Pinneberg als Straßenbauunternehmen weiter.

KÖGEL

Im Jahr 1949 stieg der Baumaschinenhersteller Kögel in die Schlepperfertigung ein. Das erste Modell wurde seiner Motorleistung entsprechend als K15 bezeichnet. Der »Kögel K 15« überzeugte sofort durch seine Zuverlässigkeit, seine Sparsamkeit und seine guten Fahreigenschaften. Angetrieben wurde der Schlepper von einem Einzylinder-Viertakt-Diesel von MWM. Vom Erfolg der Schlepper ermutigt, schob Kögel bald weitere, auch für die Straße geeignete Modelle in höheren Leistungsklassen nach. Der K22 war 22 bis 24 PS stark, der K 28 leistete 28 bis 30 PS. Die zweite Schlepper-Generation erschien 1951. Den Anfang machte der gemeinsam mit LHB entwickelte K 25 mit einem 25-PS-Diesel von Henschel. Die weiteren Modelle K 36 und K 45 deckten die oberen Leistungsklassen ab. Nach 1954 zog sich Kögel aus dem Schlepperbau zurück und produzierte wieder Baumaschinen.

KRAMER

Die Gebrüder Emil, Hans, Franz und Karl Kramer stellten 1925 im badischen Gutmadingen den ersten selbstfahrenden deutschen Motormäher vor. 1933 präsentierten sie die Schlepper GL 9 mit 10 PS und den GL 14 mit 14 PS. Sehr erfolgreich wurde ab 1936 der robuste und preiswerte »Allesschaffer«. Bis ins Kriegsjahr 1942 wurde der Allesschaffer weiter gebaut.

Nach dem Zweiten Weltkrieg legte Kramer ihn als K 18 neu auf. 1950 erschien mit dem Jubiläumsmodell K 22 Th Kramers erster Schlepper mit Luftkühlung. Die leistungsstärkeren Modelle K 28, K 33 und K 45 gingen in den Export. Gegen Ende der 1950er Jahre erweiterte

Mit dem 30 PS starken Ackerschlepper Z 2 A versuchte Kaelble sich ab 1932 an schweren Traktoren für die Landwirtschaft. (© Bodo Brennecke, Sammlung Gebhardt)

Eine perfekt restaurierte Kaelble-Schwerlastzugmaschine vom Typ KDV 22 Z 8 T transportiert eine Kaelble-Planierraupe vom Typ PR 661. Für das gewaltige Planierschild benötigte man einen zweiten Tieflader. (Foto: © Ralf Weinreich)

Kemna hatte für die kaiserliche Armee einen sehr gelungenen Dampftraktor in eine Artilleriezugmaschine verwandelt. Man schätzt, dass zehn Maschinen überlebt haben, darunter dieser EM-Typ. (© lifar, cc-by-sa 3.0)

Ein 24-PS-Kelkel-Schlepper von 1951 mit hinterem Raupenband.
(© Sammlung Gebhardt)

Kelkel K 22 von 1948. Die Motoren (15 bis 40 PS) bezog Kelkel von Güldner und MWM.
(© Wleiter, PD)

Kipppflug von Kemna für Zug durch Pfluglokomotiven, Baujahr 1921, Uni Hohenheim, Deutschland. (© Stefan Stegemann, cc-by-sa 3.0)

Das Einstiegsmodell von Kögel in den Schlepperbau ab 1949: der K15 mit 15-PS-MWM-Diesel. (© Konrad Neumann)

Kramer brachte 1937 den K 18 »Allesschaffer« auf den Markt. Sein Dieselmotor mit Verdampfungskühlung von Güldner leistete 11 PS. (© Koni, PD)

Zu Beginn der 1970er Jahre stellte Kramer den Traktor 514 aus der neuen 14er Reihe vor. Er leistete 50 PS. (© Perfekt 401 es, PD)

Der Krone Big X Feldhäcksler beim Einsatz auf dem Feld. (© Maschinenfabrik Bernard Krone)

Die Krone Feldhäcksler der BX-Reihe bieten Motorleistungen zwischen 687 bis 1165 PS an. (© Maschinenfabrik Bernard Krone)

59-PS-Krieger-Schmalspurschlepper K 601 A, 2002. (© Krieger GmbH)

Kramer sein Angebot um Baumaschinen und stellte neue, größere Traktoren vor.

Weitere neue Schlepper (KL 260/360/450 und 600 Export; Zweiwegetrac 1014) ergänzten das Produktionsprogramm der Jahre zwischen 1969 und 1973. Damit aber war das Typenprogramm zu aufgebläht, sodass Kramer den Schlepperbau einstellte und sich ganz auf Baumaschinen konzentrierte. Das Unternehmen gehört heute zur Wacker Neuson Group.

KRIEGER

Ende der 1940er Jahre stellte Krieger in seiner Werkstatt in Rhodt unter Rietburg den Prototyp des von Adam Rodach entworfenen 8-PS-Spezialschleppers »Varimot« vor, der dann ab 1956 von Hermann Lanz in Aulendorf in Serie gebaut wurde. Im Jahr 1958 erschien mit dem »Kruni« KS 20 der erste »Krieger-Universalschlepper«. Dieser Schmalspurtraktor richtete sich an Betriebe für Wein-, Obst- und Gartenbau sowie an Gärtnereien und verfügte über einen MWM-Motor mit 20 PS Leistung. Ende der 1960er Jahre brachte Krieger die Allradschmalspurschlepper KS 30 A und KS 40 A auf den Markt, gefolgt von den Modellen KS 33 und KS 42. Bis in die 2010er Jahre produzierte Krieger Modelle der KS- und KT-Reihen mit Drei- bis Vierzylindermotoren samt Synchrongetriebe, auch für kommunale Betriebe. Im Mai 2015 musste die Firma Insolvenz anmelden.

Der Feldhäcksler Big X von Krone war von Anfang an eine Maschine der Superlative. Seine PS-Leistung stieg mit jeder neuen Generation. (© Maschinenfabrik Bernard Krone)

KRONE

Führend in Sachen Feldhäcksler ist die Firma Krone, die im Mai 2000 ihren ersten BiG X vorstellte. Der neue BiG X war eine Maschine der Superlative und bot zahlreiche Features, wie etwa eine Transportgeschwindigkeit von 40 km/h, den hydrostatischen, stufenlosen Fahrantrieb und die sechs Vorpresswalzen.

2010 folgte dann die neue BiG X-Generation. Die Common-Rail-Diesel von MAN deckten Häckseldauerleistungen von 670 bis 1031 PS ab. Es gab zwei verschiedene Fahrleistungsmodi: Der sogenannte EcoPower-Modus war verbrauchsarm durch Leistungszurücknahme bei leichteren Arbeiten wie etwa der Grasernte; war schweres Ackern angesagt, stand dann die volle Leistung zur Verfügung. Und die 2009 preisgekrönte VariStream-Gutfluss-Technik war ohnehin mit an Bord. Sechs Vorpresswalzen erhöhten die Vorpressung, die Böden unter Häckseltrommel und Wurfbeschleuniger waren gefedert für »verstopfungsfreies kontinuierliches Arbeiten – auch bei ungleichmäßiger Gutzufuhr«, so der Hersteller. Die Häckseltrommel hatte einen Durchmesser von 660 mm bei einer Breite von 800 mm, wobei je nach Durchsatzleistung drei Häckseltrommeln mit V-förmig angeordneten Messern – 20, 28 und 40 Messer für Biogas – zur Verfügung standen. Die Maisgebisse stehen in vier Arbeitsbreiten von sechs bis 10,5 Metern mit serienmäßig automatischer Häcksellängenregelung zur Verfügung. Diese reguliert automatisch, abhängig vom Reifegrad der Maispflanze, die ideale Häcksellange und bestmögliche Futterstruktur. Für den Einsatz in Grasgelände gibt es zwei Vorsätze mit drei und 3,8 Metern Breite, das Direktschneidwerk verfügt über eine Arbeitsbreite von 6,2 Metern,

Feldhäcksler sind Nischenprodukte, mehr als 2500 Fahrzeuge werden weltweit nicht abgesetzt. (© Maschinenfabrik Bernard Krone)

LANDMASCHINEN

und nicht zuletzt ist auch ein Holzschneidwerk für Stammdicken von bis zu 150 mm lieferbar.

In den folgenden Jahren hat Krone seine Feldhäcksler-Baureihen stetig weiterentwickelt. Bemerkenswert waren die Neuerungen zur Agritechnica 2017, als die Häcksler mit einer um 70 Zentimeter liftbaren Kabine vorgestellt wurden. Außerdem bezog Krone seine Motoren nun von Liebherr, und die Einstellung der Häcksellange war dank eines stufenlosen Riemengetriebes innerhalb von fünf Minuten zu erledigen. Mit dem BiG X 1180 bietet die Maschinenfabrik nach eigenen Angaben die zurzeit stärkste Landmaschine der Welt mit 1156 PS (Stand 2025).

KRÜMPEL

Ab 1927 reparierte und verkaufte der junge Joseph Krümpel im westfälischen Wettringen in seiner Schlosserei Landmaschinen. 1938 baute er seinen ersten Ackerschlepper K 22 in rahmenloser Blockbauweise als Konfektionsschlepper. Sein Ziel war ein großvolumiger und robuster Traktor. Krümpel fertigte mit einer kleinen Mitarbeiterschaft die Blech- und Fahrgestellteile von Hand und montierte darin die fremdbezogenen Bauteile.

In der Region stieß der 22-PS-Schlepper auf große Resonanz. Doch mehr als zwanzig Konfektionsschlepper vermochte Krümpel bis zum Beginn des Zweiten Weltkrieges nicht herzustellen, zumal ihm auch ein Vertriebsnetz fehlte. Von 1948 bis 1952 bot Krümpel wieder seinen Vorkriegstraktor an. Doch dann stellte er wegen der übermächtigen Konkurrenz der Großserienhersteller die Schlepperproduktion ein.

LANZ

Im Jahr 1859 trat Heinrich Lanz in die Speditionsfirma seines Vaters am Bodensee ein und übernahm dort den Vertrieb englischer Landmaschinen. Aufgrund steigender Absatzzahlen begann er 1867 mit der Entwicklung und dem Bau eigener Maschinen. Lanz war hierbei so erfolgreich, dass seine großen, selbstkonstruierten Dampflokomobile und Dampfdreschmaschinen ihrer Qualität wegen bald national und international sehr gefragt waren.

Nach dem »38 PS Feldmotor« mit Verbrennungsmotor gelang Lanz 1921 mit dem »12 PS Bulldog HL«, ausgestattet mit einem Einzylinder-Zweitakt-Glühkopfmotor, der Durchbruch auf dem Schleppermarkt. Der »Bulldog« wurde zur Legende und zum Gattungsbegriff für landwirtschaftliche Zugmaschinen. Der Motor war zwar umständlich in der Handhabung, aber unverwüstlich, robust und preiswert im Unterhalt. Lanz entwickelte den Bulldog stetig weiter zum Allzweckschlepper, verpasste ihm eine Vollgummibereifung, verbreiterte die Modellpalette, baute Spezialvarianten und ergänzte sein Programm um weitere Landmaschinen.

Der Schlepperhersteller profitierte vom wirtschaftlichen Aufschwung der Vorkriegsjahre, umschiffte die Klippe der Weltwirtschaftskrise und war 1934 bereits der größte Landmaschinenhersteller Deutschlands. Viele Lanz-Schlepper gingen in den Export, ebenso wurden sie in Lizenz im Ausland nachgebaut. Dank ihres genügsamen Antriebs wurden sie auch in das Schell-Typisierungsprogramm der Reichs-

Der K 22 von Krümpel wurde nach dem Zweiten Weltkrieg erneut aufgelegt. Den 22-PS-Motor ersetzte aber bald ein 25-PS-Aggregat. (© www.der-schlepper.de)

1936 lieferte die Waggonfabrik Wismar einen Schienenbus der Bauart Hannover (Fabriknr. 20256, Typ B) als T 1 an die Delmenhorst-Harpstedter Eisenbahn, wo er bis 1959 verkehrte. Heute zählt der Wismarer Schienenbus, der noch seine originalen Ford-BB-Motoren mit 37 kW (50 PS) besitzt, zum Bestand der Stichting Museum Buurtspoorweg in den Niederlanden. Im Sommer 2022 war das mustergültig restaurierte Fahrzeug kurze Zeit auf den Gleisen der Bentheimer Eisenbahn zu Gast, wo es am 17. Juli 2022 bei Esche am Kilometer 53,2 einem Lanz Bulldog begegnete. (© Dirk Endisch)

Die Systemträger Lemken Gigant 10 und Gigant 12 bieten die Möglichkeit, verschiedene Lemken-Geräte mit einem einzigen Fahrwerk in den Feldeinsatz zu bringen, zum Beispiel eine Kurzscheibenegge, einen Scheibengrubber oder eine Saatbettkombination. (© Lemken)

Nur etwa 40 Exemplare stellte LHB vom Radschlepper LHS 25 her. An der Konstruktion beteiligt war der Schlepperhersteller Kögel. (© Sammlung Gebhardt)

Ein MAN 2K2 (ab 1958) bei einem Festumzug zum Juravolksfest am 12. August 2012 in Neumarkt in der Oberpfalz. (© DALIBRI, CC BY-SA 3.0)

Ein Vertreter der letzten MAN-Traktorbaureihen, die zu Beginn der 1960er Jahre noch gebaut wurde, bevor MAN die Traktorproduktion einstellte. (© Markus G. Klötzer, CC-BY-SA 3.0)

Der von 1958 bis 1961 gebaute Ackerschlepper 2F1 geriet für MAN zum Verkaufsschlager. (© Wleiter, Wikimedia)

regierung aufgenommen und stellten später, kriegsbedingt und von den Behörden angeordnet, auf Holzgasbetrieb um.

Trotz 90-prozentiger Zerstörung des Lanz-Stammwerks im Zweiten Weltkrieg konnte das Unternehmen 1950 wieder ein vollständiges Traktorenprogramm anbieten. Die neu aufgelegten Bulldog-Schlepper verkauften sich wieder in großer Zahl, besonders die HN-3-Reihe ab 1952. Doch der Konkurrenz des Dieselmotors hatte das Unternehmen nichts Gleichwertiges entgegenzusetzen. Zudem sorgte der schwach motorisierte Geräteträger »Lanz Alldog« 1952 für einen Image-Schaden. Die Absatzzahlen brachen ein. 1956 erwarb John Deere die Aktienmehrheit bei der Heinrich Lanz AG.

LEMKEN

Die Firma Lemken wurde 1780 als Dorfschmiede im niederrheinischen Alpen in der Nähe von Düsseldorf gegründet. 25 Jahre später war ein erster Pflug entstanden. Erst 1980 erschien der neue »Opal«-Pflug mit Schnellwechselsystem »Optiquick«. 1986 kamen der Scheibengrubber »Smaragd«, 1989 die Kreiselegge »Zirkon«, 1997 die pneumatische Drillmaschine »Solitair« auf den Markt. Der passende Geräteträger erschien 2003, blieb aber in der Vorserie stecken. Mit dem Aufkauf der Firmen Tröster, RTS und Jacoby begann 1996 der Auf- und Ausbau des Produktionsbereichs Pflanzenschutz. 1998 folgten die Anbaufeldspritze »Sirius« und 2016 die Feldspritze »Vega«. Diese bildete die Grundlage für die gemeinsam mit Bräutigam geplante Entwicklung einer selbstfahrenden Pflanzenschutzspritze, die aber nicht umgesetzt wurde.

LHB

Gegründet 1839 von Gottfried Linke in Breslau, produzierte Linke-Hofmann-Busch von Anfang an Eisenbahnwaggons. 1928 entstand die »Linke-Hofmann-Busch-AG«. Seit 1927 erweiterte LHB seine Produktpalette um Raupenschlepper wie den 45 PS starken »Boxer« von 1932. Zu Beginn der 1930er Jahre fertigte LHB auch den Raupenschlepper »Rübezahl« mit 55 bis 60 PS. Ab 1935 konzentrierte sich LHB wieder auf seine Eisenbahnwaggons und verkaufte die Raupenschlepper an die Junkers-Werke. Im Schlepperboom der Nachkriegsjahre entwickelte die neu gegründete LHB in Salzgitter erneut Traktoren, diesmal auch Radschlepper wie den »LHS 25« von 1950 in Kooperation mit Kögel. Nur als Prototyp erschien noch der »LHS 50«. Ein wirklicher Erfolg wurde jedoch auch die Leichtraupe »Robot« nicht. 1958 stellte LHB deshalb die Schlepperproduktion ein.

MAN

1921 versuchte der Lkw-Hersteller MAN mit seinem Motorpflug erstmals auf dem Landmaschinensektor Fuß zu fassen. Ende der 1930er Jahre gelang MAN mit dem 50 PS starken AS 250 und seiner Diesel-Direkteinspritzungstechnologie eine technische Spitzenleistung, wie gemacht für die großen landwirtschaftlichen Güter im Osten des Deutschen Reichs. Nach dem Zweiten Weltkrieg setzte MAN sein Traktorenprogramm 1949 mit dem mittelschweren AS 325 der neu-

Der MAN-Motorpflug beim Probepflügen im August 1922. Die Datierung lässt auf eine Generalprobe für den Vergleichswettbewerb in Unterfranken am 09. September 1922 schließen. (© Historisches Archiv MAN)

So schön kann Traktorfahren sein: Historisches Werbefoto mit fröhlicher Landfrau und MAN-Tragschlepper 2 L1. (© Historisches Archiv MAN)

Mit einem Vierzylinder-Diesel aus einem Lkw war der erste MAN-Schlepper AS 250 ausgestattet. Ab 1938 versorgte der 50-PS-Traktor vor allem große Landwirtschaftsbetriebe im Osten Deutschlands. (© Kauertz, PD)

en »Ackerdiesel«-Reihe fort. Dieser zielte auf die kleineren westlichen Landwirtschaftsbetriebe. Besonders erfolgreich war der Schlepper mit Allradantrieb, einem zukünftigen Markenzeichen des deutschen Herstellers. Bei der Ausweitung der eigenen Modellpalette brachte MAN schließlich viele stärkere Traktoren auf den Markt, die hauptsächlich in den Export gingen. Der bestverkaufte MAN-Schlepper war jedoch der kleine 2 F 1 mit 13 PS, der noch viel erfolgreicher hätte sein können, wäre er früher auf den Markt gebracht worden. Doch gegen Ende der 1950er Jahre brachen die Verkäufe am Traktorenmarkt ein. MAN musste sein unübersichtliches Schlepperprogramm straffen. Dem Trend der Zeit entsprechend erschienen neue, leistungsstarke Traktoren mit veränderter Optik. Der stärkste war der 4 S 2 mit 50 PS Leistung und einem wassergekühlten, direkteinspritzenden Vierzylinder-Viertaktmotor.

Die teuren MAN-Traktoren verkauften sich dennoch nicht besser, ungeachtet ihrer technischen Spitzenstellung, deshalb versprach sich der Konzern zu Beginn der 1960er Jahre Hilfe von der Zusammenarbeit mit der Mannesmann AG, zu welcher der Schlepperbauer Porsche-Diesel gehörte. Ziel beider Traktorenhersteller war es, Einspareffekte zu erzielen durch die beiderseitige Abstimmung der Typenprogramme, den gemeinsamen Bezug von ZF-Getrieben sowie der Koordinierung beider Firmen auf den Gebieten Verkauf, Vertrieb und Ersatzteilversorgung. Der vielversprechende Ansatz führte dennoch nicht zu einem Happy End. Weil sich beide Unternehmen in weiteren Verhandlungen nicht auf eine gemeinsame Linie einigen konnten, gab MAN 1963 den Traktorbau auf.

Die Verkaufszahlen hatten sich trotz der technischen Ausgereiftheit und vieler innovativer Entwicklungen immer in Grenzen gehalten, in vierzig Jahren waren lediglich 40.000 MAN-Schlepper erschienen.

MARTIN

Obwohl die »Otto Martin Maschinenbau GmbH & Co. KG« seit ihrer Gründung 1922 in Benningen in der Holzbranche tätig war, weitete sie wegen der Weltwirtschaftskrise zu Beginn der 1930er Jahre ihr Portfolio auf Landwirtschaftsschlepper aus. 1937 entstand deshalb der erste Martin-Schlepper in Blockbauweise mit wassergekühltem 20-PS-Deutz-Motor.

Ein Jahr später stellte Martin in Zusammenarbeit mit Fendt den Nachfolger F 22 vor (bei Fendt: F 22 Dieselross), doch der eigene Nachkriegstyp S 11 von 1949 (11-PS-Deutz-Verdampfermotor, Rahmenbau) gelang Martin kein großer Wurf mehr. Weder optisch noch von seinen Eigenschaften her konnte Martin die Erwartungen erfüllen, die mit dem Namen seit dem innovativen F 22 verbunden waren. Nach nur wenigen Dutzend gebauten Exemplaren stellte Martin 1950 die Traktorenproduktion wieder ein.

McCORMICK-DEERING, NEUSS

Mit dem Modell F 12 G, je nach Vertriebsorganisation mit »McCormick« oder »Deering« bezeichnet, brachte die deutsche IHC-Niederlassung in Neuss 1937 ihren ersten eigenen Traktor auf den Markt. Es war

Ein MAN-Ackerschlepper bei der Feldarbeit. (© Sven Storbeck, GFDL)

Der 145 PS starke International Case 1455 XL von 1993 gehört zur letzten in Deutschland produzierten Schlepper-Serie. (© Lifetec18, CC-BY-SA-3.0)

Für den Einsatz auf Obst- und Weinbaugebieten zugeschnitten ist die X4 F-Reihe von McCormick. Die Modelle gibt es mit Leistungen von 70 bis 112 PS. (© ARGO)

Der Martin F22 von 1938 konnte auf Wunsch mit Seilwinde, Mähwerk, Fahrerhaus und einem elektrischen Anlasser ausgerüstet werden. (© Sammlung Gebhardt)

McCromick-Deering-Raupenschlepper aus dem Jahr 1935. (© Carl Mydans, PD)

1985 ging der Landmaschinenbereich von IHC an Case, später dann an die Argo-Gruppe. Die schrittweise Verlegung der Produktion ins Ausland begann 1986, das deutsche Werk wurde 1997 geschlossen. Dieser X6 VT-DRIVE von 2019, der erste McCormick mit stufenlosem Fahrantrieb, entstand in Italien. (© ARGO)

Die modernen McCormick-Traktoren der X-Baureihen verbunden übersichtliche und bequeme Kabinen mit ansprechendem Design. (© ARGO)

eine »eingedeutschte« Variante des aus den USA importierten Modells »Farmall F 12«, zuerst erschienen 1924. Ungewöhnlich für Europa war der 20 PS starke, wassergekühlte Vierzylinder-Viertakt-Vergasermotor des in Halbrahmenbauweise gefertigten Traktors. Zum Holzgasschlepper umgebaut, konnte der Benzinschlepper F 12 G als »N 6« noch bis 1944 produziert werden. Das Traktorwerk erlitt während des Zweiten Weltkrieges sehr starke Beschädigungen, wurde aber nach dem Krieg nicht aufgegeben, sondern wieder aufgebaut.

Die Nachkriegs-Neuauflage des F 12 präsentierte sich in neuer Optik. Gab sich das Vorkriegsmodell noch in unscheinbarem Grau und ohne Motorhaube, so glänzte die neue Version jetzt mit einer solchen in strahlendem Rot und dem Schriftzug »McCormick-Deering International«, die Vertriebsnetze waren zusammengelegt worden. Außerdem konnte die Maschine nun mittels eines elektrischen Anlassers gestartet werden; der Motor hingegen war derselbe geblieben und lief noch immer mit Benzin.

Weil die deutschen Landwirte einen Dieselmotor erwarteten, wurde ein solcher produziert und in eine nagelneue, erstmals komplett in Deutschland entwickelte Schlepperreihe, die sogenannte »D-Serie«, eingebaut. Deren erstes Modell, der 25-PS-Schlepper DF 25, erschien 1951 und trug auf der Kühlerhaube den bekannten Namen »Farmall«. Weitere preiswerte und erfolgreiche Modelle, gefertigt in Blockbauweise, hießen ab 1952 DLD 2, DED 3, DGD 4. Sie bedienten die Leistungsklassen zwischen 14 und 30 PS. Ab 1957 ersetzte eine überarbeitete, mit neuer Kühlerhaube versehene D-Reihe die Vorgängerserie. Sie war mit dem innovativen »Agriomatic- Getriebe« ausgestattet, das es dem Schlepperfahrer ermöglichte, ohne zu kuppeln vom Straßen- in den Ackergang zu wechseln.

Mitte der 1960er Jahre loste die neue »Common Market« (EWG)-Serie die bisherigen D-Reihen vollständig ab. Neben dem Herstellernamen »Mc-Cormick International« gehörte zur Typbezeichnung jetzt der Zusatz »D« für das Produktionsland Deutschland, gefolgt von einer dreistelligen Ziffer. Den Namen »Farmall« dagegen gab IHC hierzulande auf. Die fünf neuen Typen boten ein Leistungsspektrum von 26 bis über 70 PS. Vor allem die stärkeren Modelle verkauften sich so gut, dass der bereits 1960 erreichte zweite Platz in der Zulassungsstatistik im Jahr 1972 von einem ersten Platz übertroffen wurde.

Dies war auch eine Folge der neu eingeführten Großtraktoren und damit dem Vordringen in Leistungsbereiche, die bislang gefehlt hatten und bis zum Jahr 1972 als Eigenentwicklungen (Sechszylinder-Modelle 946 mit 85 PS und 1046 mit 100 PS) endlich bedient werden konnten. Dem mittlerweile angebotenen Leistungsspektrum zwischen 26 und 100 PS setzte der Typ 1246 mit 120 PS die Krone auf. Nach der Schließung des Neusser Werks 1997 wurden McCormick-Traktoren bis 2007 nur noch in England gebaut.

MERCEDES-BENZ

Seinen ersten Einsatz in einem Landfahrzeug absolvierte der von Prosper L'Orange entwickelte Zweizylinder-Dieselmotor 1922 in einem Ackerschlepper von Benz. Das dreirädrige Gefahrt hatten die

Der Mercedes-Benz Diesel-Ackerschlepper Typ OE von 1928 hatte zunächst eine schraubengefederte Vorderachse und einen 4,2 Liter Einzylinder Vorkammer-Dieselmotor mit 26 PS/19 kW. (© Daimler AG)

Der MB-trac 65/70 war zu Beginn der 70er Jahre der erste in Serie gebaute Allradschlepper der neuen MB-trac-Reihe von Mercedes-Benz. Von Anfang an nachteilig war der hohe Anschaffungspreis. (© Daimler AG)

Der OE-Dieselschlepper hatte gegenüber der Konkurrenz von Lanz einen schweren Stand. Auch Lanz produzierte, wie Mercedes-Benz, seine Traktoren in Mannheim. (© Daimler AG)

Dieser »Motorpflug-System Daimler« aus dem Jahr 1913 war eine Konstruktion der Firma Wiss. (© Daimler AG)

Daimler Pflugschlepper mit 25 PS und 45 PS bei einem Vergleichspflügen im Werk Sindelfingen am 19.11.1920. Links von den beiden Traktoren stehen ein Mercedes-Knight 16/45 PS, und ein Mercedes 28/95 PS, beides Offene Tourenwagen. (© Daimler AG)

In den 1930er Jahren stellte MIAG mit dem Modell LD 20 seinen ersten Traktor her. Dessen Leistung betrug 20 PS. (© Ralf Weinreich)

Der AD 22 (22PS) von MIAG erschien nach dem Zweiten Weltkrieg. Zur weiteren Ausstattung gehörte eine Doppellenkerachse. (© Sammlung Gebhardt)

36 PS stark war der Nordtrak »Stier 360«, der ein Vertreter der zweiten Traktorengeneration von Nordtrak war. (© Manfred Reindler)

Ab 1942 wurde der NG 22 zum Holzgasschlepper NG 25 umgerüstet. Auch nach dem Krieg stellte Normag das Fahrzeug noch eine Weile her. (© Sammlung Ralf Weinreich)

Benz & Cie. stellten 1920 Ackerschlepper vor. Dabei handelte es sich um umgebaute Kriegs-Zugmaschinen. Es gab sie in einer Straßen- und einer Ackerausführung. (© Daimler Truck AG)

Der Nordtrak »Stier 18« bildete den Auftakt zur ersten Generation an eigenkonstruierten Schleppern des Betriebes bei Hamburg Bergedorf. (© Herbert Durben)

In der zweiten Hälfte der 1950er Jahre erschien bei Normag das Modell K18a aus der erfolgreichen Kornett-Baureihe. (© Christopher Hormed, CC-BY-SA-3.0)

Mannheimer gemeinsam mit dem Münchener Motoren- und Traktorhersteller Sendling entwickelt. Ausgestattet war die Maschine mit einem Zweizylinder-Diesel, der 25 PS bei 800/min leistete. Als Benz-Sendling-Eintriebrad-Schlepper S 6 ging der Traktor im Marz 1923 in Serie. Bis 1931 produzierte Benz & Cie. Insgesamt 1188 Maschinen. Um der Kippgefahr zu begegnen, präsentierte Benz-Sendling 1923 auch den Vierrad-Dieselschlepper BK (das K stand für den Chassis-Hersteller Komnick, bei dem die Benz-Schlepper montiert wurden). Doch die BK-Traktoren stießen auf wenig Interesse.

Nach der Fusion 1926 zur Daimler-Benz AG versuchte man ein weiteres Mal den Einstieg in den Traktorbau. Dieses Mal bildete der neue, im Lkw-Bau bereits bewährte Sechszylinder-Vorkammer-Diesel OM 5 die Basis für den neuen Traktor-Motor. Dieser Einzylindermotor kam 1928 im Dieselschlepper vom Typ OE zum Einsatz. Von Anfang an rechnete Daimler-Benz der konservativen Kundschaft vor, welches Spar-Potenzial der OE bot: bei 1200 Betriebsstunden pro Jahr 1500 Reichsmark gegenüber einem Benziner. Dafür kostete der OE zunächst 1000 Mark mehr als ein Lanz Bulldog, der für 5600 Mark zu haben war. Auch eine Preissenkung auf 5900 Mark half nichts: Daimler-Benz konnte den bis 1935 nur 380 OE verkaufen. Die Stuttgarter überließen das Traktorengeschäft danach der Konkurrenz.

MIAG

Mehrere Mühlenbauer verschmolzen 1925 zur Braunschweiger »Mühlenbau- und Industrie AG«, kurz MIAG. Mitte der 1930er Jahre stieg MIAG in den Traktorbau ein. Dem 10-PS-Schlepper-Prototyp »Vulkan« von 1936 folgte 1937 das in Serie gehende Universalfahrzeug LD 20 mit 20 PS aus dem Frankfurter Werksteil. Parallel zum Traktor erschien die lediglich 10 PS starke Straßenzugmaschine D 10. In kleinen Stückzahlen entstanden ab 1948/49 wieder neue Traktorenmodelle sowie Straßenzugmaschinen. Die Ackerschlepper bekamen die Bezeichnungen AD 17, AD 22 und AD 33. Ihre Spurbreite war verstellbar. Doch aufgrund der niedrigen Produktionszahlen konnte kein konkurrenzfähiger Verkaufspreis angeboten werden, was den Absatz beeinträchtigte. 1952 entschloss sich MIAG deshalb zur Einstellung des Schlepperbaus.

NORDTRAK

Der Maschinenbauingenieur Georg R. Wille bastelte 1946 in Hamburg Bergedorf in seinem gleichnamigen Betrieb für Landmaschinen zunächst aus Jeeps einachsige Schlepper und Motorpflüge mit Namen »Stier«. Dann entstanden allradgetriebene Behelfsschlepper mit vier gleich großen Rädern. 1950 entstand eine erste selbstkonstruierte, wiederum allradgetriebene Schlepperserie, die sich vom Jeep-Vorbild trennte. Das erste Modell des in Nordtrak (Norddeutsche Traktorenfabrik) umbenannten Betriebes im Jahr 1951 war der 16 PS starke »Stier 18« mit Einzylindermotor. Ihm folgten die mit Zwei- bis Dreizylindermotoren ausgestatteten Versionen »Stier 21« mit 22 PS, »Stier 30« mit 28 PS und »Stier 45« mit 40 PS Motorleistung. Die Modelle »Stier 240«, 241, 360 und 480 deckten Mitte der 1950er Jahre mit ihren MWM-Motoren die Leistungsstufen von 20 bis 48 PS ab. Deren teuer zu bezahlende Geländegängigkeit geriet dem Unternehmen nun aber zum Nachteil. Als es gegen die Mitbewerber nicht mehr bestehen konnte, musste es 1965 Konkurs anmelden.

NORMAG

Unter dem Firmenkürzel »Normag« brachte die Nordhauser Maschinenfabrik 1938 einen 22 PS starken Universalschlepper mit Zweizylinder-Viertakt-Diesel von MWM als Typ »NG 22« auf den Markt. 1940 kam der NG 10 dazu, doch bis 1942 entstand eigentlich nur noch der NG 25 für Holzgas. Nach 1945 wurden NG-25-Fahrgestelle für den Dieselschlepper ABUS (oder IFA) NG 25 aufgebraucht.

Wie Deutschland wurde auch Normag nach dem Krieg in Ost und West geteilt. Nach einer kurzen Zusammenarbeit zwischen den Werken Normag-Ost (in Nordhausen) und Normag-West (in Zorge) ging das Stammwerk Nordhausen in den Besitz der VVB (Vereinigung Volkseigener Betriebe) und Bagger-Hersteller ABUS über und produzierte die Schlepper NG 25 D und den Diesel-Prototyp NG 23. Der noch 1943 entwickelte NG 23, jetzt aus Zorge, wurde nach 1946 zum NG 23 K weiterentwickelt. In den 1950er Jahren stellte Normag-Zorge, inzwischen in Hattingen / Ruhr, die »Faktor-« und »Kornett«-Baureihen vor mit Leistungen zwischen 10 und 45 PS vor. Nach dem Rückgang der Absatzzahlen stellte der neue Eigentümer Orenstein & Koppel 1958 den Schlepperbau bei Normag-Zorge ein.

ORENSTEIN & KOPPEL

Die Firma Orenstein & Koppel (O & K) war bekannt geworden u. a. mit der Herstellung von Lokomotiven, Frachtschiffen und Baumaschinen. 1937 stellte das Unternehmen sein erstes selbstkonstruiertes Scleppermodell vor, den SA 751 mit 28/30 PS starkem, wassergekühltem Zweizylinder-Dieselmotor. 1938 folgte der um 15 PS schwächere SB 751. Das 1935 von den Nationalsozialisten enteignete Unternehmen hieß nun »Maschinenbau und Bahnbedarf AG« (MBA). 1945 folgten Enteignung, Demontage und die Neugründung als VEB IFA Schlepperwerk Nordhausen.

Eine Kooperation in Westdeutrschland unter dem Namen »Orenstein & Koppel und Lübecker Maschinenbau AG« ermöglichte ab 1950 die Neuproduktion von Traktoren. Die weiterentwickelten Modelle T 32 A mit 32 PS und T 16 A mit 16 PS trugen wieder das »O & K«-Logo. Weitere Diesel-Traktoren deckten die Leistungsstufen zwischen 18 und 75 PS ab. Dazu kamen die Industrietraktoren UK I und UK II. Weil andere Produktionszweige aber deutlich rentabler waren, beendete O & K den Schlepperbau 1954.

POMSSEN

Im kleinen Ort Pomßen in der Nähe von Leipzig befand sich eine »PGH des metallverarbeitenden Handwerks«. Hier begann man im Jahr 1965 einen Kleinschlepper für die Industrie zu konzipieren. Der Einsatz in der Landwirtschaft war nicht vorgesehen. Der Schlepper wurde mit Zwei- oder Vierzylinder-Dieselmotoren in V-Anordnung aus dem Motorenwerk Cunewalde mit 15 oder 30 PS Leistung ausgestattet.

Der Orenstein & Koppel T 18 von 1950 war Teil einer Familie, bestehend aus 18-, 36-, 40- und 75-PS-Schleppern mit eigenen Wirbelkammer-Dieselmotoren und ZF-Getrieben. (© W. Leiter, CC-BY-SA-2.0)

1937 brachte Orenstein & Koppel seinen ersten Traktor auf den Markt. Zwei Jahre später wurde das O&K-Logo durch »MBA« ersetzt. (© Sammlung Gebhardt)

In diesem Prospekt warb zu Beginn der 1960er Jahre der Hersteller für die zwei neuen Scheppermodelle »Standard Star«. © Sammlung Gebhardt)

Die Bauteile des Pomßen-Schleppers kamen von unterschiedlichen Zulieferern in der DDR. (© Koni, PD)

Der Pomßen DFZ 632 Industrieschlepper entstand in der DDR von 1965 bis 1985. (© Koni, PD)

Anfang der 1960er Jahre erschien der Porsche-Diesel »Master« 419. Ausgestattet war er mit einem 50 PS starken Vierzylinder-Diesel sowie acht Vorwärtsgängen und einem Rückwärtsgang.

(© Perfekt 401 es, CC-BY-SA-3.0)

LANDMASCHINEN

Die Höchstgeschwindigkeit betrug etwa 30 km/h. Der simple Aufbau wurde offen oder mit Fahrerdach, Frontscheibe und Seitenverkleidung ausgestattet. Auf Wunsch wurde eine Hydraulikanlage oder ein Hubmast für Anbaugeräte wie Gabelstapler montiert. Der »Pomßen-Schlepper« war eigentlich eher eine Zugmaschine für Kofferanhänger auf Bahnhöfen und Flughäfen. Das Haupteinsatzgebiet blieb jedoch die Industrie. Etwa 300 Schlepper verließen die PGH in Pomßen. Das Ende der DDR bedeutete auch das Ende des »Pomßen-Schleppers«.

PORSCHE-DIESEL

1956 übernahm Mannesmann die Produktion der ehemaligen Allgaier-Porsche-Traktoren. Mannesmann hatte 1956 die »Porsche-Diesel MotorbauGmbH« mit 100.000 DM Stammkapital gegründet. Dank modernster Fertigungsanlagen in Friedrichshafen gelang ein Jahresausstoß von 20.000 Ackerschleppern. AP 18, AP 16 sowie die P-Reihe entstanden ab 1956 mit Leistungen bis zu 44 PS. Das neue Programm ab 1957 basierte auf den Grundtypen »Junior« (14 PS), »Standard« (25 PS) und »Super« (38 PS). Porsche-Diesel konnte sie dank Großserienfertigung konkurrenzlos günstig anbieten. 1958 ergänzte das 50-PS-Spitzenmodell »Master« die Reihe. Zum meistverkauften Porsche-Diesel-Traktor avancierte das Modell »Standard 218« mit 25 PS. Den Höhepunkt ihrer Verkaufserfolge erreichte Porsche-Diesel zu Beginn der 1960er Jahre. Dann ließen sich die Großfertigungsanlagen nicht mehr auslasten. Mannesmann beendete seine Traktorenproduktion.

PRIMUS

Gegründet 1934 in Berlin, präsentierte die »Primus Traktoren GmbH« 1938 den Erfolgstyp P 22, der mit seinem 22 PS starken Zweizylinder-Viertaktdiesel, seiner hohen Wendigkeit, seiner Robustheit und seinem günstigen Preis viele Freunde fand. Der kleinere Ableger hieß P 11 »Pony« und kam aus dem Zweigwerk in Miesbach/Obb. Innovativ war der P 16 »Packesel«, bei dem der Fahrer immer in Fahrtrichtung sitzen konnte, ohne zu wenden.

Nach Zerstörung und Enteignung konnte Primus sich in Oberbayern neu etablieren. Den zum P 24 weiterentwickelten P 22 ergänzten in den 1950er Jahren kleinere Schlepper mit Leistungsdaten von 12 bis 18 PS. Die Dreizylinderversion eines selbstkonstruierten Motors kam 1950 im P 28 zum Einsatz. Mit einem Stromgenerator wurde der PD 3 »Elektropionier« versehen. Mitte der 1950er Jahre erschienen noch besonders leistungsfähige Traktoren mit 40 und 60 PS für den Export nach Brasilien. Die aufkommende Schlepperabsatzkrise und ein geplatztes Geschäft veranlassten Primus 1958, den Schlepperbau einzustellen.

RAUCH

1921 erfolgte die Gründung der »Fabrik für landwirtschaftliche Maschinen Gebrüder Rauch«, der heutigen Rauch Landmaschinenfabrik GmbH, in Sinsheim bei Baden-Baden. 1932 stellte Rauch einen Düngerstreuer vor, drei Jahrzehnte später war daraus ein neuer Scheibendüngerstreuer geworden. Wiederum zehn Jahre später brachte Rauch

1938 stellte Primus mit dem 22 PS starken P 22 seinen ersten Schlepper vor. Den Zweizylinder-Viertakt-Diesel dazu lieferte Deutz. (© Buteo, CC-BY-SA-3.0)

Primus wollte sich auf diesem Werbeplakat von den Mitbewerbern absetzen. (© Sammlung Gebhardt)

Der MDS-Streuer kann speziell für den Einsatz in Obst-, Wein-, Hopfen- oder Gemüseanbau aufgerüstet werden. Dafür gibt es eine spezielle Reihenstreuvorrichtung, bei der die Fahrspur frei bleibt von Granulat. (© RAUCH Landmaschinenfabrik GmbH)

Der AGT ist das Spitzenmodell unter den Düngerstreuern des Herstellers. Das Edelstahl-Gestänge gibt es mit 30, 32 und 36 m Länge. Die Tragrohre des Gestänges sind gleichzeitig die Düngerförderrohre. Das Leergewicht liegt bei sieben Tonnen, der Behälter fasst 6300 Liter. (© RAUCH Landmaschinenfabrik GmbH)

Topmodell unter den Anbaustreuern von Rauch ist der Axis-H-EMC. Dieser hydraulisch angetriebene Düngerstreuer deckt Arbeitsbreiten von 18 bis 50 Metern ab, die Ausbringmenge wird über den Massenstrom elektronisch geregelt. Zusätzlich kontrolliert eine Waage die Restmenge. Mit dem größten Aufbaurahmen fasst der Streuer 3000 l und ist 2,80 Meter breit. (© RAUCH Landmaschinenfabrik GmbH)

Der Röhr 60 R »Titan« konnte sich am Markt nicht durchsetzen. (© Sammlung Gebhardt)

Röhr 20 REH von 1953. Seine Bauzeit lag zwischen 1953 und 1956, seine Motorleistung bei 20 PS. (© Wleiter, PD)

Ropa Kartoffelroder WM 6500 mit einem Bunkerinhalt von 6500 kg. (© Blonder1984, CC-BY-SA-3.0)

Der Grip 4 ist ein Sondertraktor im Angebot der Firma Sauerburger. (© Sauerburger)

Der ROPA Keiler 2 ist ein zweireihiger gezogener Kartoffelroder mit etwa acht Tonnen Bunkervolumen. (© Ropa Maschinenbau)

Eine Ropa 5 Rübenmaus, aufgenommen in der Wetterau. In Transportstellung darf das 354-PS-Mäuschen jede Straße benutzen. (© Wolfgang Gebhardt)

In den 1950er Jahren setzte Schlüter vor allem auf Schlepper im unteren Leistungsbereich. (© Ralf Weinreich)

Immer wieder gern gesehen: Schlüter S 450 (1962 -1966) mit 42 PS. Die Ausführung mit Allradantrieb S 450 V (»V« für Vierrad) wurde ab 1964 angeboten. (© High Contrast , CC-BY-SA 3.0)

einen Zweischeiben-Düngerstreuer mit 24 Metern Arbeitsbreite heraus, entwickelte daraus einen Pneumatik-Düngerstreuer, verfeinerte und installierte 1984 eine elektronische Düngerdosierung. 1993 kam mit der neuen pneumatischen Drillmaschine »Venta AL« der Einstieg in die Saattechnik; 1997 erlebte mit der »Axera H« eine neue Düngerstreuergeneration mit hydraulischem Antriebskonzept ihre viel beachtete Premiere. Der größte Rauch-Streuer – Typ TWS 85 – kommt nun auf eine Arbeitsbreite von 50 m. Das Unternehmen ist mit seinen Dünge- und Sämaschinen sowie Winterdienststreu-Geräten eine weltweite Größe und liefert jährlich rund 16.000 Maschinen aus.

ROEHR

Erich Röhr begann 1948 in einer Passauer Zahnradfabrik mit der Produktion von Konfektionsschleppern. Mit Motoren von MWM und Hatz bestückt, deckten die Traktoren aus Passau schon bald eine breite Leistungspalette von 12 bis 40 PS ab. Sein Erfolg zwang Röhr in größere Werkshallen in Landshut. 1953 richtete sich Röhr mit dem schweren 60-PS-Modell »Titan R 60« an einen überregionalen Markt. Auch wurde das Ausland auf den Koloss aufmerksam. Rohr hatte sich als kleiner Schlepperbauer gerade mit dem »Titan« schwer aus dem Fenster gelehnt, um den großen Durchbruch zu schaffen. Doch die Jahresstückzahl von 600 Traktoren war auf Dauer zu klein und konnte nicht erhöht werden. 1954 übernahm die »Hans Glas GmbH« aus Dingolfing die Werkstätten von Röhr, um darin seinen Kleinwagen »Goggomobil« herzustellen. Die Landmaschinensparte ging an Röhr-Händler Otto Haas aus Sallach in Niederbayern. Dieser baute ab 1956 bis zu Beginn der 1960er Jahre einige der Röhr-Modelle in kleiner Auflage weiter.

ROPA

Bauernsohn Hermann Paintner stellte 1972 seinen ersten eigenentwickelten Zuckerrübenvollernter fertig und entwickelte einen funktionsfähigen Selbstfahrer. Die Zusammenarbeit mit der Landtechnikfirma Holmer machte den »Holmer, System Paintner« zum Inbegriff sechsreihiger, selbstfahrender Rübenerntetechnik. Nach der Trennung zehn Jahre später gründete Paintner 1986 die ROPA Fahrzeug- und Maschinenbau GmbH in Sittelsdorf, die zunächst einen patentierten Rübenlader entwickelte und die Lizenz für den alleinigen Bau und Vertrieb der »Lade-Maus« erwarb. Anschließend folgte ein neuartiger Rübenvollernter. 1992 stellten die Niederbayern den bis dahin weltgrößten Bunkerköpfroder mit 35 m3 (22 to) Bunkerinhalt vor.

1998 kamen die verbesserten Nachfolger »euro-Tiger« und »euro-Maus«, 2004 die PR-Rodeaggregate. Flaggschiff der Rübenroder war inzwischen der leistungsstarke »euro-Tiger V8«; 2010 erschien mit der »euro-Maus 4« das spektakuläre Gegenstück. 2013 kam dann mit dem »euro-Panther« ein neuer Zweiachs-Rübenroder. 2016 folgte die eindrucksvolle Neuauflage des »Panther 2«, und mit den Maschinen der »Keiler«-Serie bietet ROPA nun auch Kartoffelroder an.

LANDMASCHINEN

SAUERBURGER

In den 1960er Jahren gegründet, stieg der Betrieb der Familie Sauerburger aus Ihringen-Wasenweiler am Kaiserstuhl 1983 in den Bau von Schmalspurschleppern ein und bestückte sie mit MWM-Motoren. Einige Jahre später stattete Sauerburger alle Modelle mit selbstentwickelten Getrieben aus. Um unter den engräumigen Bedingungen im Wein- und Obstbau manövrieren zu können, erlaubte die neue vordere Antriebsachse einen großen Lenkeinschlag. Sauerburger stellt zwar nur ca. 80 Schmalspurschlepper pro Jahr her, dennoch gehen Exporte ins europäische Ausland und nach Kanada. Im Angebot befinden sich neben diesen FXS-Schmalspurschleppern auch Hanggeräteträger-Allradschlepper vom Typ »Grip 4« sowie auf vielfältige weitere Geräte und Maschinen für Land- und Forstwirtschaft, Wein- und Obstbau sowie Kommunen.

Die Zwillingsreifen des Schlüter Profi Gigant helfen, die 650 PS des von Ludwig Streitberger umgebauten Monsters auf den Boden zu bringen und mindern die Bodenverdichtung. (© S. Quillmann)

SCHLÜTER

Die »Motorenfabrik Anton Schlüter München GmbH« baute 1937 ihren ersten Traktor namens DZM 14 samt Motor. Diesem folgte der DZM 25,ein 25-PS-Schlepper in Blockbauweise. Rund 1000 dieser robusten Maschinen entstanden bis Kriegsende, dann noch mal 500 mit Holzgasantrieb.

Schon 1947 nahm Schlüter den Schlepperbau von Vorkriegsmodellen wieder auf. Der gut laufende 25-PS-Schlepper mit wassergekühltem Viertaktdiesel-Motor erhielt ab 1949 die Bezeichnung DS 25; ihm zur Seite stand das 15-PS-Modell DS 15. Spitzenmodell in der zweiten Hälfte der Fünfziger war der 45 PS starke AS 45 mit Dreizylinder-Viertakt-Diesel. Schlüter-Traktoren galten als hochwertig, zuverlässig und zudem günstig. Es folgten nach 1964 das Modell S 900 (80 PS) und die Super-Serie mit Leistungen von 38 bis 130 PS. Höhepunkt war der Koloss »Profi Trac 5000 TVL« mit 500-PS-MAN-Motor. Nach der missglückten Einführung der »Euro-Trac«-Serie beschloss 1993 die Erbengemeinschaft die Auflösung des Unternehmens.

STIHL

In seiner 1926 in Stuttgart Bad Cannstatt gegründeten Maschinenfabrik gelang dem Züricher Andreas Stihl mit der Erfindung der Elektrokettensäge ein Coup. Nach der Zerstörung der Fabrik im Zweiten Weltkrieg fertigte er in Neustadt bei Waiblingen den leichten Bauernschlepper S 140. Neben seinem selbstentwickelten luftgekühlten Zweitakt-Diesel mit 12, später 14 PS Leistung besaß der Traktor einen Achszwischenraum zum Anbringen von Zusatzgeräten, einen hydraulischen Kraftheber und eine Zapfwelle.

Mitte der 1950er Jahre erschien ein verbesserter Nachfolger mit 14 PS Leistung. Der S 144 hatte einen längeren Radstand und außerdem einen Kriechgang. Stihl stellte bis Anfang der 1960er Jahre weitere Schlepper mit teils höheren Motorleistungen bis 20 PS vor, doch die Verkäufe gestalteten sich zunehmend schwierig. Deshalb stieg Stihl 1963 aus der Traktorenfertigung aus und konzentrierte sich stattdessen auf seine Motorkettensägen. Auf diesem Gebiet war und ist Stihl sehr erfolgreich und exportierte in alle Welt.

Ebenfalls aus dem Jahr 1960 stammt dieser Stihl S 20, den es sowohl mit einem selbst entwickelten Zweitaktmotor als auch mit einem Viertaktmotor von MWM gab. (© Wleiter, PD)

Der erfolgreiche 22-PS-Dieselschlepper von Stock aus den Enddreißigern. Auffällig die Stollen an den Hinterrädern. (© ChiemseeMan, PD)

Den Schwierigkeiten auf dem deutschen Schleppermarkt der 1960er Jahren begegnete Schlüter mit Einführung des »Super«-Typenprogramms 1966 unter dem Slogan »Bärenstark«. (© Pxhere, PD)

Sulzer 530 LA aus dem Jahr 1957. Der Traktorenhersteller kaufte die Fahrzeugteile zu und montierte sie. (© Clément Bucco-Lechat, CC-BY-SY 3.0)

Zu den Traktoren, die Sulzer in den 1950er Jahren auf den Markt brachte, gehörte auch das Modell 40 PS. (© Hersteller)

Vielfach waren die Wahl-Schlepper in den 50er Jahren in Grün-Gelb lackiert. Ihre Fertigungszahl hielt sich jedoch in Grenzen.

(© High Contrast, CC-BY-SY 3.0)

STOCK

Robert Stock stellte zu Beginn des 20. Jahrhunderts auf seinem Gut bei Kolberg den ersten deutschen Trag- oder Motorpflug her. Angetrieben von einem kleinen 6-PS-Motor, besaß das Gerat im Jahr 1907 drei Pflugscharen. Immer größere und stärkere Motorpflüge folgten. In den Jahren vor dem Ersten Weltkrieg bediente die 1909 gegründete »R. Stock Motorpflug GmbH« damit eine Marktlücke und stieg zum Marktführer auf. In den 1920ern erschienen weitere Motorpflüge wie der 35/40-PS-Pflug »Stokraft« oder der 20/27 PS leistende »Wendestock«. Doch schon damals wurde deutlich, dass sich die Motorpflüge gegen die aufkommenden Ackerschlepper nicht würden halten können. Daraus resultierte 1925 der erste Stock-Raupenschlepper mit 28-PS-Deutz-Motor. Nach der Einstellung der Raupenschlepper 1929 und dem Bau des letzten Tragschleppers 1934 ging Stock zur Konstruktion des modernen 20-PS-Stock-Dieselschleppers über. Ab 1942 entstanden nur noch Stock-Holzgasschlepper. Nach dem Krieg fielen das im Ostsektor Berlins gelegene Unternehmen der Demontage zum Opfer.

SULZER

Ignaz Sulzer hatte schon vor dem Krieg mit ersten 15- bis 20-PS-Schleppern experimentiert, doch war er gezwungen bei Kriegsbeginn sein Geschäftsfeld aufzugeben. Direkt ab Werk verkaufte die kleine, 1922 gegründete Firma »Ignaz Sulzer, Maschinen- und Fahrzeugbau« in Harthausen bei Augsburg ab Ende der 1940er Jahren eine beachtliche Zahl und Vielfalt an Schleppermodellen. Ohne einen Zwischenhändler hinzuzuziehen, bedienten die in Handarbeit gefertigten kleinen und mittleren Traktoren allerdings nicht viel mehr als die Region um Augsburg. Die manuelle Produktionsweise ermöglichte den Bau von oftmals direkt auf Kundenwunsche zugeschnittenen Traktorenmodellen. Anfang der 1950er Jahre erschien als erster Sulzer-Schlepper der S 15 mit 15 PS. Eine Zusammenarbeit bestand in den frühen 1950er Jahren mit der Firma Gutbrod. Bald erweiterte sich die Palette um zahlreiche weitere Modelle mit Deutz- und MWM-Motoren bis 40 PS. Besonders gut liefen in diesen Jahren leistungsmäßig kleine Schlepper wie der S 22 L. Ende des Jahrzehnts standen bei Sulzer sogar Allradschlepper mit gleich großen Reifen und Leistungen zwischen 28 und 45 PS zum Verkauf. Gemeinsam mit Wahl entstand der letzte Sulzer-Traktor, das Tragschleppermodell S 330 L (bei Wahl als Typ W 133). Zu Beginn der 1960er Jahre gab der Betrieb die unrentabel gewordene Schlepperherstellung auf. Seitdem arbeitet Sulzer als metallverarbeitender Dienstleister und hat seit 1999 seinen Sitz ins nahe bei Augsburg gelegene Adelzhausen verlegt.

WAHL

Mitte der 1930er Jahre begann der Balinger Bandsägenhersteller Karl Friedrich Wahl baute einen Ackerschlepper, um die Lücke an günstigen Schleppern im Süden Deutschlands zu schließen. Sein erster Traktor war der W 35 mit 20 PS von MWM und ZF-Getriebe, den er bis 1942 produzierte. 1947 folgte der W 46 mit 24 PS, der den Anfang einer Serie bildete. In den 1950er Jahren entstand eine breite Modellpalette von 12 bis 40 PS. Besonders die stärkeren Modelle wie der W 40 mit 40 PS waren auch in Europa gefragt. Wahl konnte jährlich nur etwa 300 bis 400 Traktoren bauen, was nicht rentabel war. Daher stellte er 1964 die Schlepperfertigung ein. Der Vertrieb englischer David Brown-Schlepper sollte das Programm in höheren Klassen ergänzen, war aber erfolglos. Zukünftig fertigte Wahls Firma weiterhin Bandsägen, bis die WLZ AG (heute BayWa) diesen Bereich bis 1968 weiterführte.

ZANKER

Die »Zanker Maschinen- und Metallwarenfabrik«, 1888 in Tübingen gegründet, machte sich in den 1930er Jahren einen Namen mit der Herstellung von motorgetriebenen Waschmaschinen. Während des Zweiten Weltkrieges fertigte Zanker Holzgasgeneratoren für Schlepperhersteller, vor allem für die Firma MIAG.

Den kommenden Landwirtschaftsboom ahnend, entwickelte das branchenfremde Unternehmen 1949 quasi aus dem Nichts heraus einen fortschrittlichen Traktor, bei dem sogar Motor und Getriebe selbst gefertigt wurden. Der Zanker M 1 besaß einen Einzylinder-Zweitakt-Dieselmotor mit Direkteinspritzung und 1020 cm3 Hubraum. Er leistete zwischen 12 und 14 PS, erreichte eine Spitze von 17,7 km/h und war ohne Zündhilfe startbar. Das Fehlen eines Vertriebsnetzes und der relativ hohe Preis behinderten jedoch seinen Absatz. Zanker verkaufte deshalb seine Konstruktionsunterlagen an Bautz und stellte bald darauf seine eigene Schlepperfertigung ein. Nach Konkurs 1982 und einem Zwischenspiel von AEG engagierte sich der schwedische Electrolux-Konzern an dem Werk und legte es 1993 still.

ZETTELMEYER

Im Jahr 1910 konstruierte Hubert Zettelmeyer seine erste Dampfwalze. Sein 1897 gegründetes Unternehmen wurde zu einem Begriff in diesem Geschäftszweig, sodass selbst die kaiserliche Armee im folgenden Weltkrieg an der Westfront nicht auf Dampfwalzen aus dem Hause Zettelmeyer verzichten mochte. Deren Herstellung wurde Ende der 1920er Jahre durch die brandneuen, ebenfalls selbstentwickelten Motorstraßenwalzen abgelöst. 1935 stieg das Unternehmen mit dem Z 1-Dieselschlepper in den aufstrebenden Traktormarkt ein. Während das Getriebe aus eigener Herstellung stammte, wurde der wassergekühlte 20-PS-Zweizylinder-Motor von Deutz bezogen. Zettelmeyer ergänzte den Z 1 um eine Schleppervariante für die Straße mit der Bezeichnung Z 2, die erstmals in ihrer Klasse in rahmenloser Bauweise ausgeführt war. Beide Traktoren gerieten für Zettelmeyer völlig unerwartet zu einem so großen Erfolg, dass die neuen Produkte bald die Hälfte des Gesamtumsatzes erwirtschafteten. Ab 1950 legte Zettelmeyer seine Vorkriegsmodelle mit stärkeren Motoren wieder neu auf. Trotzdem gelang Zettelmeyer kein großer Wurf. Als Folge stellte der Betrieb in den 1950er Jahren den Traktorbau ganz ein und konzentrierte sich stattdessen auf seine erfolgreichen Baustellenfahrzeuge. wobei zum Beispiel der Schlepper mit hinten platziertem Motor als Autoschütter diente. Nach mehreren Besitzerwechseln landete Zettelmeyer schließlich bei Volvo und der Traditionsname verschwand vom Markt.

Der Zanker M 1 war eine vollständige Eigenkonstruktion des Waschmaschinenherstellers, die sich vor der Konkurrenz nicht verstecken musste. (© Sammlung Gebhardt)

Zettelmeyer, 1897 als Dampfwalzen-Unternehmen gegründet, stellte 1935 in Zusammenarbeit mit dem Reichskuratorium für Technik in der Landwirtschaft seinen ersten 20-PS-Ackerschlepper vom Typ »Z 1« her. (© Steffen Zahn, CC BY 2.0)

Mit dem ab 1948 gebauten Z2 versuchte Zettelmeyer an seinen Vorkriegserfolg anzuknüpfen, aber vergeblich. (© Ralf Weinreich)

HOFLADER

Der Bestand an Pferden (und Eseln) in der Landwirtschaft lag um 1970 herum bei rund 1,2 Millionen Stück, gegenüber den Zahlen von 1950 hatte sich der Bestand praktisch halbiert. Allerdings nahm die Zahl der Freizeitreiter zu, so dass die Zahl der Vierbeiner trotz der zunehmenden Mechanisierung auf den Höfen letztlich auf diesem Niveau blieb.

Doch auf den Feldern schuften mussten diese nicht mehr, das Pferd wurde vom Nutztier zum geschätzen Partner. Damit einher ging auch eine Änderung in der Haltungsform: Große Pferdehöfe entstanden, mit ausgedehnten Stallungen, und das Ausmisten wurde zu einer Herausforderung. Die ließ sich aber mit den meisten Traktoren, selbst solchen mit Frontader, nicht zufriedenstellend lösen. So entstand mit dem Hoflader eine neue Maschinengattung.

(© Thaler Maschinenbau GmbH)

Die meisten Hoflader haben Knicklenkung. Die Technik ist nicht neu, der kleine Holder A 12 von 1964 hat eine solche auch. Doch moderne Hoflader kombinieren die Wendigkeit eines Kleinschleppers mit der Kraft eines kleinen Radladers. (© Schäffer Maschinenfabrik GmbH)

Als Alternative zum klassischen Hoflader hat sich der Teleskoplader etabliert. Die Standsicherheit und die dank des verstellbaren Ladearms größere Reichweite gehören zu den Vorzügen dieser Maschinenart. Im Bild ein Lader Serie KT 557 von Kramer. (© Kramer Werke / Wacker Neuson Group)

HOFLADER

Hierzulande gibt es bald ein Dutzend an Herstellern, und dabei sind die kleinen Baustellen-Radlader in der Klasse von drei bis vier Tonnen nicht mitgerechnet, denn die sind – sofern auf dem Hof Durchfahrtshöhe und -breite passen – eine echte Alternative.

Im Vergleich zum Schlepper mit angebautem Frontlader ist ein Hoflader weniger vielseitig und, als selbstfahrende Arbeitsmaschine auf 20 km/h limitiert. Der Verkehr auf öffentlichen Straßen ist untersagt, Transportfahrten also nicht möglich. Und ein Hoftrac hat weder die Hubhöhe noch die -kraft, die so ein Traktor mit Gabel bietet. Andererseits ist er kompakter und wendiger, übersichtlicher und leichter zu bedienen. Bei der Auswahl eines geeigneten Laders spielen trotzdem Hydraulikleistung und Schwingengeometrie eine Rolle, sind aber nicht so wichtig wie bei einem normalen Radlader. Beim Beladen von Fahrzeugen ist vorteilhaft, wenn die Schwinge nach vorn relativ weit über den Lader hinausragt, wobei die Form von Schaufel und Ladeschwinge den Kippwinkel beeinflusst. Im Grundsatz gilt: Je steiler der Winkel – je nach Fabrikat bis zu 54 Grad –, desto besser die Entladung. Wer einen Hoflader kauft, nimmt diesen so groß wie angesichts der Platzverhältnisse (und des Budgets) möglich. Dass die Betriebskosten bei der Kaufentscheidung eine ebensolche Rolle spielen wie das Geräuschniveau der Maschine, muss nicht eigens betont werden. Doch auch große Hoflader sind keine Bagger oder Radlader. Als Faustregel gilt: Mit einem Hoflader sollten sich mindestens zwei Rundballen – die zusammen etwa eine Tonne wiegen – ohne Kontergewicht am Heck umsetzen lassen, und auch Big Bag`s voll mit Getreide dürfen die Maschine nicht überfordern.

KRAMER

Baumaschinen-Spezialist Kramer Werke, Pfullendorf, gehört, wie Weidemann auch zur Wacker-Neuson-Gruppe und ist seit 2017 eng mit John Deere verbandelt. Bis 2020 gab es im Portfolio keinen Radlader unterhalb der 4-t-Klasse, stieg aber dann mit zwei Modellen in das Segment der Hoflader ein. Die beiden Mini-Radlader sind die kleinsten Maschinen im Produktprogramm und entsprechend kompakt: Je nach Bereifung liegt die Breite bei 1,26 m und die Höhe bei gut 2 m. Die Motoren liefert Yanmar zu. Einzigartig ist das Lenksystem. Natürlich haben alle Lader Allradlenkung, und auch die Option, nur Richtungswechsel über die Vorderachse einzuleiten, ist nicht so ungewöhnlich. Doch den Hundegang, den kann kein anderer Konkurrent bieten.

SCHÄFFER

Wer einen Hoflader sucht, wird zwangsläufig auch über die Lader der Firma Heinrich Schäffer stolpern. Das Unternhmen wurde 1956 gegründet und begann 1960 mit der Fertigung von Ernte-, Kombi- und Rübengabeln; die Herstellung von Frontladern nach 1963 lag nahe. Zu dieser Zeit beschäftigte Schäffer 50 Mitarbeiter. Auch in den folgenden Jahren widmete sich das Unternehmen vorwiegend der Produktion und Entwicklung von Frontladern, brachte im Jahr 1979 etwa ihren ersten Hoflader mit hydrostatischem Fahrantrieb und Schnellwechselsystem auf den Markt. Nach dem Tod von Heinrich Schäffer

Der Kramer KL 27t wiegt rund 5,1 t, er bewältigt Schaufelvolumina von 0,75 bis 1,15 m^3. Die maximale Stapelhöhe beträgt 4,40 m, denn bei diesem Teleradlader ist, anders als beim klassischen Radlader, der Arm teleskopierbar. (© Kramer Werke / Wacker Neuson Group)

übernahmen Siegfried Schäffer und Jürgen Jachalke den Betrieb, der 1987 seinen ersten Radlader produzierte. Auch heute stellt die Firma in Erwitte Rad-, Tele- und Hoflader her. Typisch für letztere Kategorie an Ladern ist die Gewichtsverteilung; das Hauptgewicht liegt auf der Hinterachse. Daraus ergibt sich eine ungewöhnlich hohe Hubkraft an der Ladeschwinge, denn Ladearbeiten sind die Hauptaufgabe von Hofladern, und je mehr Gewicht auf der Gabel lastet, desto größer ist die Gefahr, dass das Heck abhebt. Also ist ein hohes Gewicht an der Hinterhand von Vorteil in Sachen Standfestigkeit. Typisch für einen Schäffer ist auch die Pendelhinterachse anstelle des üblichen Pendelknickgelenks. Gleichzeitig sind Schäffer-Lader, angesichts der Maschinen-Kategorie, relativ groß bereift, was natürlich Auswirkungen auf den Wendekreis hat. Schäffer verwendet eigene Achsen mit Außenplaneten und selbstsperrende Differentiale vorne und hinten, die Motoren stammen, je nach Leistungsklasse, zum Beispiel von Kubota. Andererseits punktet ein Schäffer in Sachen Hubkraft, und, insbesondere seit Vorstellung der SLT-Reihe 2010, in einer weiteren Kerndisziplin, nämlich den Abmessungen: Schäffer baut nun besonders kompakte Lader. 2017 folgte der vorläufige Höhepunkt in diesem Genre: Mit dem 23e stellte Schäffer den weltweit ersten Elektro-Hoflader mit Lithium-Ionen-Akku vor.

STRIEGEL

1978 durch Walter Striegel im hessischen Flechtdorf gegründet, ist die »Striegel Maschinenbau e.K« ein Familienunternehmen in inzwischen dritter Generation. Von Anfang an hat sich das Unternehmen laufende technische Verbesserungen auf die Fahnen geschrieben und tatsächlich, so das Unternehmen, unterstreichen »die stetig steigenden Verkaufszahlen« die Richtigkeit einer Firmenphilosophie, welche sich »bewusst von der Massenproduktion distanziert« hat und neue, ständig verbesserte Maschinen im »ständigen Dialog mit unseren Werksvertretungen und unseren Kunden« entstehen lässt. Insgesamt gelten Striegel-Lader als robuste und kostengünstige Maschinen mit hoher Verarbeitungsqualität. Die Motoren kommen von Yanmar; Achsen und Fahrhydraulik werden in Italien zugekauft. In diversen Tests überzeugten Striegel-Lader durch die große nutzbare Ladehöhe und das schnelle Ansprechen des Auslegers, beides zusammen erhöht die Arbeitsgeschwindigkeit der Ladezyklen. Außerdem sind Striegel-Maschinen – der Service übernehmen 25 Werksvertretungen – kinderleicht zu bedienen.

THALER

Im September 1997 im bayerischen Polling als Bauschlosserei und Maschinenwerkstatt gegründet, bietet der Maschinenbauer seit Sommer 2015 ausschließlich Hoflader an, wobei die Konstruktionsarbeiten bereits im Jahr 2000 begannen. Doch wie heißt es so schön? Was lange währt, und im Fall des Thaler-Hofladers wurde es und über diverse Prototypen und Weiterentwicklungen dann richtig gut. Ein erster großer Vergleichstest von 2009 bezeichnete den Thaler-Typ bereits als »Rohdiamant«. Daraus wurde inzwischen ein stattliches Collier. Das

Dieser Schäffer 3550 mit Ballentransportschaufel demonstriert eindrücklich die Vorzüge von Teleskopladern: ihre Reichweite. (© Schäffer Maschinenfabrik GmbH)

Die Firma Striegel wurde 1978 gegründet und bietet fünf Basisfahrzeuge mit einer Leistung von 26 bis 50 PS samt entsprechendem Zubehör an.
(© Striegel Maschinenbau e.K.)

Hoflader werden in erster Linie zu Ladearbeiten eingesetzt, daher kommt es vor allem auf die Hydraulik und die Ladeschwinge an. In Tests punkteten die Striegel-Lader immer wieder durch ihre Hubkraft.
(© Striegel Maschinenbau e.K.)

Die im bayrischen Polling ansässige Firma Thaler gehört zu den bedeutendsten Herstellern von Hof-, Rad- und Teleskopladern in Europa. Anders als viele Konkurrenten entwickelt, produziert und montiert Thaler komplett in Deutschland. Hier kann noch mit Fug und Recht von einem »Deutschen Qualitätsprodukt« gesprochen werden. Hier schön zu sehen auch die Teleskopausschübe der Kabine; die Dachhöhe lässt sich nämlich um bis zu 25 cm verstellen.
(© Thaler Maschinenbau GmbH)

Reitställe und Pferdepensionen finden sich praktisch überall, es gibt tausende von pferdehaltenden Betriebe. Die Maschinenausstattung schwankt je nach Betriebsgröße beträchtlich, ein Hoflader, hier von Thaler, gehört auf jeden Fall mit dazu. (© Thaler Maschinenbau GmbH)

Der Thaler 48T18 mit seinem Teleskoparm erreicht eine Hubhöhe von über 4 m. Der hydrostatische Antrieb, die beheizbare Kabine, Heckballast und ein Zugmaul sind weitere Features des rund 3,3 t schweren Kompaktladers. (© Thaler Maschinenbau GmbH)

Mit einem Teleskoplader lässt sich mehr Hubhöhe erzielen als mit einem Radlader mit Ladeschwinge – bei gleicher Wendigkeit, Standsicherheit und Hubkraft, wie sie auch ein konventioneller Radlader mit Knicklenkung bietet. Und dank der umfangreichen Palette an Anbaugeräten könnte der Hoflader auch für Bau- und Kommunalarbeiten herangezogen werden. Tatsächlich gibt es den Weidemann T4512 auch als TH412 im Baumaschinengelb von Mutterkonzern Wacker Neuson oder, dann in grün, von Kramer. (©Digitalmarketing WackerNeuson, CC-BY-SA 4.0)

Die Landwirtschaftskammern testeten bei ihren Vergleichen die Ladeleistung anhand von Betonklötzen, die über eine bestimmte Strecke und einen bestimmten Zeitraum mit der Palettengabel aufgenommen und abgesetzt werden. Im Bild ein Thaler 48T18. (© Thaler Maschinenbau GmbH)

Thaler-Programm umfasst inzwischen über 30 Modelle, angefangen bei den Kleinstladern mit 20 PS bis hin zum gestandenen Radlader mit 72 PS und einem Eigengewicht von 5,2 Tonnen. Zum Portfolio gehört auch ein Mini-Teleskoplader sowie ein knickgelenkter Lader mit Allradlenkung. Typisch für Thaler ist auch die große Fertigungstiefe, praktisch alle Anbaugeräte selbst, angefangen von der Palettengabel über Schaufeln bis hin zu Kehrbesen, Einstreu-, Kommunal- und anderen Spezialgeräten entstehen im eigenen Haus.

WEIDEMANN

Als Erfinder dieser Fahrzeugkategorie gilt ein kleiner Familienbetrieb aus Nordhessen, angesiedelt im Herzen des deutschen Reitsports, rund 130 Kilometer entfernt vom Reitstützpunkt Warendorf. Bewirtschaftet von zwei Brüdern, bauten die Weidemanns zunächst Gerät für den eigenen wie auch umliegende Höfe. Und weil, wie überall in der Landwirtschaft, Männer, die zupacken konnten, knapp waren, ergab sich nahezu zwangsläufig der Schritt hin zum Anbieter von landwirtschaftlichem Gerät und dem Bau von Güllewagen in den ehemaligen Stallungen und Maschinenhallen. 1960 wurde die Maschinenfabrik Weidemann KG gegründet, die den Wechsel in der Pferderhaltung vom Nutz- zum Freizeittier miterlebte und den steigenden Bedarf erkannte.

Mit dem Hoftrac zur Marktführerschaft

Die Firma präsentierte 1972 mit dem dreirädrigen Hoftrac einen kleinen knickgelenkten Radlader, der überall dort herumwuseln konnte, wo der Traktor, selbst mit Ladegabel, nicht hinlangte. Mit dem Hoftrac wurde die Arbeit auf dem Pferdehof nun deutlich einfacher, zumal 1974 der Perfekt 130 erschien. Der hatte vier gleichgroße Räder und war so kompakt, dass der Landwirt auch in die engen Ställe mit den bei alten Gebäuden üblichen Türmaßen – ein Meter Breite, zwei Meter Höhe – durchfahren konnte. Außerdem war der Lader mit diversem Zubehör, Hubarm und Schaufel zu bestücken: Der »Weidemann« begründete eine neue Maschinenkategorie, setzte sich durch und wurde immer wieder verbessert. Der Hoftrac des Jahres 1981 hatte zum Beispiel als Spitzenmodell 1902 einen hydrostatischen Allradantrieb. Weitere Innovationen folgten – Kippkabine 1999, 2014 Elektroantrieb –, und ohne weiter in technische Details zu gehen: Die Niedersachsen entwickelten sich im deutschsprachigen Raum zum Marktführer bei kleinen, kompakten Radladern für Landwirtschaft und Gartenbau und halten diese Position bis heute, wobei das engmaschige Vertriebsnetz – Verkauf über die Baywa und Landhaus – sicher nicht schadet.

Ausgereifte Technik

Motoren und Komponenten kaufen die Hessen zu – bei Perkins etwa, oder Deutz –; ein weiterer Pluspunkt ist das Schnellwechselsystem sowie die Vielfalt an Anbaugeräten. Weidemann bietet, je nach Maschine, unterschiedliche Allradsysteme an: Bei größeren Modellen sind Vorder- und Hinterachse (etwa von ZF) mechanisch per Kardanwelle und Differential miteinander verbunden, was allerdings den Knickwinkel begrenzt. Kleinere Maschinen regeln den Radantrieb per Hydraulik mit zweitem

(Öl-) Motor an der Vorderachse, er kann separat mit einem Pedal zur Arbeit gerufen werden. Dann bleibt der Knickwinkel vollständig erhalten, allerdings ist die Kraftverteilung ungleichmäßiger als bei der Mechanik, und Hydraulik-Leckagen sind noch ärgerlicher als ohnehin schon.
Wie bei vielen mittelständischen Unternehmen konnte die Nachfolgefrage nicht zufriedenstellend gelöst wurde, sodass die Firma, mittlerweile in eine GmbH umgewandelt, 2002 an einen Investmentfonds verkauft wurde, der das Unternehmen »international neu aufstellen und den Generationswechsel in Führung und Gesellschafterkreis sicherstellen« wollte. Im Zuge dieser Bemühungen wurde Weidemann drei Jahre später dann an Wacker Neuson verkauft.

Unter neuem Dach

Bei den neuen Eignern, der Wacker Construction Equipment AG, handelte es sich ebenfalls um Familienunternehmen. das allerdings zu dem zeitpunkt schon 157 Jahre alt war. Es stellte – und tut es noch – eine breite Palette von Maschinen für die Boden- und Asphaltverdichtung, die Beton- und Aufbruchtechnik sowie Pumpen und Generatoren für die Bauindustrie her. Weltweit werden über 2200 Mitarbeiter beschäftigt, an Entwicklungs- und Fertigungsstandorten in Deutschland, USA, den Philippinen und Australien. Produkte und Service werden in 40 Ländern an 163 eigenen Vertriebstellen angeboten. Zudem vertreibt Wacker die amerikanische Marke »Bobcat« in Zentraleuropa. Was bislang allerdings fehlte, waren Vertriebskanäle im landwirtschaftlichen Bereich, und die brachte Weidemann mit.
Dank dieser Vertriebsstruktur können nun modifizierte Baumaschinen auch für landwirtschaftliche Betriebe angeboten werden und modifizierte Landmaschinen für das Baugewerbe über der Wacker-Neuson-Vertrieb. Motoren werden zugekauft, etwa bei Perkins oder bei Deutz. Außerdem bieten sie eine sehr große Vielzahl an Anbaugeräten, da sie ja nicht nur im Stall sondern auch im Baugewerbe als Wacker Neuson, dann in Gelb, laufen. Seit Produktionsbeginn sind in den Stammwerken in Diemelsee-Flechtdorf und in Korbach von rund 300 Mitarbeitern über 135.000 Lader produziert worden.

Bei Gehöften, wo viele Pferde ganzjährig aufgestallt sind, können 1000 und mehr Tonnen Pferdemist anfallen. Daher hat Weidemann den Hoftrac als Stallhelfer erfunden. Im Bild ein WSTS 130 FD von 1974. (© Wacker Neuson Group)

Solche kleinen Hoflader bilden den Einstieg in die Weidemann-Welt. Der 1240 wiegt rund 1,8 t und ist kaum 1,90 m hoch. Er kann, je nach Heckgewicht, bis zu 1000 kg heben. (© Wacker Neuson Group)

Hoflader kommen bei beengten Platzverhältnissen zum Einsatz, limitierende Faktoren sind die Durchfährtshöhe und –breite. Andererseits haben sie aufgrund der schmalen Spur eine höhere Kippgefahr. Daher hat Weidemann Vorder- und Hinterwagen mit Knickpendelgelenk versehen, um die Standsicherheit zu erhöhen. Der KL 4070 CX100 (2006–2008) mit 5,73 t Eigengewicht wird von einem Perkins-Diesel angetrieben. (© Daimler Truck AG)

Ein nur 85 cm breiter Weidemann Hoftrac 1140 CX30 mit Fahrerschutzdach und Rückhaltesystem nach ROPS-und FOPS-Bestimmungen. Hoftracs wiegen bei Weidemann maximal 3,4 t und sind bis zu 1,21 m breit. Die Radlader-Palette beginnt bei 3,9 t und 1,45 m; Telekopradlader wiegen mindestens 4,4 t. (© Wacker Neuson Group)

370 GT
MA
CE 160

GERÄTETRÄGER

Schon in den 1930er Jahren begann man, Alternativen zum Traktor zu suchen, nach Maschinen, die mehr konnten als Geräte zu ziehen oder über eine Schwungscheibe anzutreiben. An Versuchen, solche Alleskönner auf die vier gleichgroßen Räder zu stellen, hat es nicht gefehlt, und die Idee griff man schon in der unmittelbaren Nachkriegszeit mit umgebauten US-Jeeps wieder auf. Doch richtig populär wurde diese Idee allerdings erst, nachdem Daimler-Benz mit dem komplett neu konstruierten Unimog in den Traktor-Markt einstieg. Während der Unimog aber recht schnell von der Land- in die Kommunalwirtschaft wechselte, versuchten Landmaschinenproduzenten wie Lanz dieses Konzept auf breiter Front durchzusetzen. Doch erst Fendt verhalf mit seinen GT-Baureihen der Idee in der angestammten Zielgruppe zum Erfolg.

Als Ersatztraktor war der Jeep eher ungeeignet. Mit einigem Zusatzgerät ließ sich seine Ackertauglichkeit aber durchaus steigern. (© Nationaal Archief, CC0)

Ausgemusterte Jeeps wurden bei der Bavarian Trucking Company (BTC) umgebaut. Sie erhielten einen Deutz-Einzylindermotor, eine Traktorhaube und eine Ladeplattform. (© Slg. Gebhardt)

Viele der nach dem zweiten Weltkrieg in Europa verbliebenen Jeeps wurden anderen Verwendungen zugeführt und auch als Behelfstraktor eingesetzt. Es gab hierzulande dann einige Firmen, die sich auf entsprechende Umbauten spezialisierten oder Anbauaggregate entwickelten. Bei dieser Vorführung in den Niederlanden vom 4. Oktober 1946 handelt es sich aber um einen originalen Agrar-Jeep, wie er in den USA gebaut wurde. (© Nationaal Archief, CC0)

GERÄTETRÄGER

Zuletzt – 1958 – bauten die Bayern das Knicklenker-Modell »D40 Allrad« mit 35-PS-Deutz-Dreizylinder. Beide Achsen konnten sich in Querrichtung verschränken. (© HighContrast, CC-BY-SA 3.0)

Der Unimog wurde bekanntlich 1946 erfunden. Die Idee eines Mehrzwecktraktors hingegen war ein wenig älter und stammt aus den USA. Die amerikanische Firma Willys, Hersteller des legendären Jeeps – beziehungsweise deren Gründer John N. Willys – hatte sich in den 1920ern mit Traktoren beschäftigt, die Idee aber nicht weiterverfolgt. Diese griff er erst mit dem Jeep wieder auf. Und während noch alle Fahrzeuge, die produziert wurden, an die Army gingen, suchte Willys zivile Verwendungsmöglichkeiten: Test zeigte, dass ein Militärjeep wohl als leichter Traktor eingesetzt werden könnte, aber mangels Bodenfreiheit und Spur nicht als klassischer Pflege- und Hackfruchttraktor taugte. Dennoch wurde zehn Jahre lang versucht, den Jeep den US-Landwirten schmackhaft zu machen und Willys bot zwischen 1944 und 1954 spezielle Agrarversionen an.

Nach Kriegsende waren in Europa relativ viele ausrangierte Army-Jeeps verfügbar, ein Rücktransport in die Staaten lohnte sich nicht. Daher wurden sie an Zivilbehörden abgegeben. Mit Glück und Beziehungen ließen sich vielleicht mindestens Kernschrott oder Unfallfahrzeuge ergattern, die dann umgebaut wurden. Den Jeep-Traktoren war zwar kein Erfolg beschieden, doch sie hatten bewiesen, dass ein klug konstruierter Geräteträger eine sinnvolle Ergänzung des Fuhrparks sein konnte.

BTG / BTC

Solche ausgemusterten Militär-Jeeps wurden in den frühen Nachkriegsjahren bei Firmen wie der Bayerischen Transportfahrzeuge GmbH (BTG) beziehungsweise Bavarian Trucking Company (BTC) aus München zu Behelfstraktoren umgebaut. Diese Bavaria-Schlepper nutzten das (verkürzte) Jeep-Chassis samt Allrad-Antrieb. Anstelle des durstigen »Go Devil«-Vierzylinder-Benzinmotors fanden aber sparsame Einzylinder-Dieselmotoren von Deutz, Hatz oder MWM Verwendung, außerdem hatte man die Untersetzung geändert. Diese Änderungen limitierten die Höchstgeschwindigkeit auf 40 km/h. Dazu kam eine kleine Ladepritsche. Nachdem die Bestände an ausgemusterten Army-Jeeps aufgebraucht waren, begann das Unternehmen ab 1951 eigene Rahmen zu schweißen. An Anbaugeräten dafür vorgesehen waren ein Zweischarpflug, eine hintere Riemenscheibe und ein Mähbalken mit Doppelkeilriemen. Auf eine Karosserie wurde anfänglich verzichtet. Wie viele dieser Bayernschlepper entstanden ist nicht bekannt; man geht von rund 700 Exemplaren aus, die meisten mit Deutz-Diesel.

1954/55 waren die Jeep-Umbauten auch in Deutschland endgültig Geschichte, stattdessen entstanden eigenständige Allrad-Traktoren mit zwei ZF-Lenkachsen, die wie die zeitgenössischen Unimog-Modelle gleichgroße Räder aufwiesen. Die Motorverkleidung verlieh den BTG-Maschinen einen Hauch von Deutz, und einen 35 PS starken Deutz-Dreizylinder hatte auch der »D 40 Allrad« von 1958, ein Allrad-Knicklenker mit zwei ineinander gesteckten Roheren zwischen Vorder- und Hinterteil, so dass sich beide Achsen in der Querrichtung verschränken konnten. Das Gewicht von Motor und Wendegetriebe ruhte auf der Vorderachse, den Traktor gab es aber auch nur mit Hinterachsantrieb.

GERÄTETRÄGER

Die letzte Serie hatte den auf 39 PS erstarkten Deutz-Motor: Auch die Motorhaube trug das Deutz-Logo, denn die BTG-Traktoren konnte man nun bei jedem Deutz-Händler erhalten. BTG stellte die Schlepperfertigung 1961 ein, einige »HZ 40 Allrad«, entstanden noch bei einer Baumaschinenfabrik, der Firma Frisch in Augsburg.

DEUTZ »INTRAC«

Klöckner-Humboldt-Deutz (KHD) entwickelte zu Beginn der 1970er Jahre mit dem »Intrac« einen neuen Traktorentypen, den sogenannten »Systemschlepper«. Charakteristisch für das erste Modell mit seinen gerade einmal 51 PS Leistung waren die kleinen Vorderräder und die vordere Portalachse. Darüber hinaus verfügte es über einen Frontkraftheber mit Schnellkupplungssystem und eine vorne installierte Fahrerkabine sowie die Möglichkeit, im Heck und über der Antriebsachse weitere Geräte anzubauen. Er basierte auf der Deutz D06-Reihe. 1974 erschien mit dem »Intrac 2003« ein Nachfolgemodell, das immerhin schon über 60 PS verfügte. Vier Jahre später wartete der »Intrac 2004« dann mit 70 PS Motorleistung auf. Der mit 85 PS noch stärkere »Intrac 2005« von 1974 kam allerdings nicht zu den Händlern, hatte aber bereits vier gleich große Räder und einen hydrostatischen Antrieb.

Auch im Schnee erfolgreich

Ungleich erfolgreicher war da schon der Spezialschlepper »Intrac 2011 R« bzw. seine Spezialausgabe »Intrac 2011 K« auf Raupenbasis, der mit seinem 256 PS starken Motor sowohl an die Schweizer wie auch die französische Regierung verkauft werden konnte. Der »Intrac 2011 K« wurde hierbei vom Schweizer Unternehmer Peter in Liestal hergestellt, der von KHD dafür Bausätze geliefert bekam. Zum Einsatz kamen diese mit einer Schneefräse ausgestatteten Fahrzeuge, die sowohl in Rad- als auch Kettenausführung erschienen, beim Schneeräumaufgaben in den Alpen, wo sie ihre Konkurrenten leistungsmäßig deutlich übertrafen. Der »Intrac 2006« griff das Konzept der vier gleich großen Räder ebenso wieder auf wie den hydrostatischen Antrieb, wartete aber diesmal gleich mit 116 PS Motorleistung auf, erzielte aber dennoch nicht den gewünschten Erfolg. Der hydrostatische Antrieb der Firma Linde konnte gegenüber einem Schaltgetriebe wirkungsgradmäßig nicht überzeugen, zudem überhitzte gern der unter der Kabine liegend verbaute Motor.

Gemeinsam mit Mercedes-Benz

Weil die verkauften Stückzahlen des Intrac letztlich also nicht die Erwartungen von KHD erfüllten, wurde 1987 zusammen mit der Daimler-Benz AG in Köln die Trac-Technik-Entwicklungsgesellschaft (TTEG) gegründet. Denn auch Daimler war mit den Verkäufen seines MB-Tracs nicht zufrieden; ihm fehlte schlicht das nötige Landmaschinen-Vertriebsnetz. Beide Firmen planten deshalb, einen gemeinsamen Systemschlepper auf die Räder zu stellen, der seine jeweiligen Vorgänger ersetzen sollte und diesem Traktorenkonzept auf diese Weise doch noch zum durchschlagenden Erfolg verhelfen sollte. Geplant waren Modelle mit wassergekühlten Motoren (die Intrac-Schlepper hatten

Höhe- und Endpunkt der Intrac-Entwicklung war der 150 PS starke Systemschlepper »Intrac 6.60« von 1988. Für den Bau war eine Kooperation mit Mercedes gebildet worden. (© Deutz)

Von 1974 bis 1979 wurde der Deutz »Intrac 2003« gebaut. Seine Motorleistung hatte sich auf 60 PS erhöht. (© Wolfgang Gebhardt)

51-PS-Deutz-Systemschlepper »Intrac 2002«, 1972. Er basierte auf dem Deutz D6-Ackerschlepper. (© Wolfgang Gebhardt)

Am erfolgreichsten waren die Spezialschlepper »Intrac 2011 R« und »Intrac 2011 K«, die an Frankreich und die Schweiz geliefert wurden. Das K-Modell wurde beim Schweizer Unternehmen Peter in Liestal aus Bausätzen montiert und dann mit Schneeräumgerät wie einer Schneefräse ausgestattet. Es gab sie mit Raupen- wie auch Radlaufwerk, hier aufgenommen am Simplonpass im Mai 2021. (© Hp. Baumerier, CC-By-SA 4.0)

Typisch für die Fendt-Geräteträger war die Zentralrohr-Konstruktion. Jeder GT (hier ein GT 225) bot daher drei Anbauräume. Die Kipppritsche konnte leicht demontiert werden. (© AGCO / Fendt)

Der Fendt »Agrobil S«-Ladewagen war ursprünglich eine Entwicklung der 1970 in Konkurs gegangenen Landmaschinenfabrik Lely-Dechentreiter und wurde in 112 Exemplaren bis 1982 gebaut. (© BreTho, CC-BY-SA 3.0)

Der Fendt F 231 GT entstand zwischen 1967 und 1993 in drei Bauserien. Die erste lief bis 1978 und war 32 PS stark, es gab acht Vorwärts- und drei Rückwärtsgänge. Serie 2 (1978-1981) hatte einen etwas hubraumstärken (2550 cm^3) 35-PS-Motor mit Schnellganggetriebe. Die Serie 3 (1982-1991) kam mit einem 2,8-Liter-Motor bei gleicher Leistung. Zwischen 1991 und 1993 wurde der GT 231 dann noch in einer 30-km/h-Ausführung im Weimar-Werk GmbH gebaut. Auf dem gelben Aufkleber des GT 231 Serie 1 steht »Fendt-Einmannsystem«, die Verkaufsbezeichnung. (© Mortl77, CC-BY-SA 4.0)

Der F 250 GT mit dem 45 PS starken Dreizylinder-MWM-Motor wurde ab 1970 gebaut. Dabei handelte es sich um die erste Geräteträgerserie mit Unterflurmotor.
(© Wolfgang Gebhardt)

bisher luftgekühlte Aggregate) von 70 bis 200 PS Leistung. Doch es blieb beim Prototypen »MB-trac 1020«.
Von 1988 bis 1990 produzierte noch die TTEG unter der Bezeichnung »IN-trac« in kleiner Stückzahl die Modelle 6.05 (88 PS), 6.30 (115 PS), 6.30 Turbo (126 PS) und 6.60 Turbo (150 PS) mit luftgekühlten, stehenden Deutz-Motoren, Allradantrieb sowie Schaltgetrieben mit 24 bzw. 40 Vorwärts- und 6 bzw. 10 Rückwärtsgängen. Wegen zu hoher Kosten wurde die Produktion des IN-trac dann 1990 eingestellt.

FENDT

Der Landmaschinengigant, der heute zur AGCO-Gruppe gehört, stieg 1953 in den Bau von Geräteträgern ein. Besser gesagt: Er stellte auf der im Zweijahres-Turnus an wechselnden Orten durchgeführten DLG-Ausstellung (diesmal in Köln) einen Prototypen aus. Dabei handelte es sich um ein Fahrzeug mit zwei Holmen, der nächste Prototyp von 1955 hatte dann einen zentral geführten Vierkantholm nach vorne. Das Heck – Sitz, Motor, Getriebe, Hinterachse – stammte vom Kleintraktor F 12, wobei die Zahl für die Motorleistung in PS stand, später änderten sich die Modellbezeichnungen. Der Fendt wies drei Anbauräume auf und konnte mit Kipppritsche versehen werden. Die pfiffige Konstruktion ging ab 1957 als »F 12 GT« in Serie, das Unternehmen vermarktete sie lange auch als »Fendt-Einmannsystem«. Weiter, zumeist stärkere Ausführungen folgten; der erfolgreichste war der »F 19 GT« mit MWM-Zweizylinder und 19 PS, der vor allem als Rüben-Vollernter eingesetzt wurde. Stückzahlenträchtigste Ausführung war der von 1967 bis 1991 über 14.000mal gebaute »F 231 GT« mit 16/8-Getriebe und 32, später dann 35 PS; der dann nach der Wende 1991 im ostdeutschen Weimar-Werk wieder gebaut wurde. Die frühen Fendt-Geräteträger, deren Traktor-Abstammung noch deutlich zu erkennen war, hatten die typischen offenen Führerstände der Traktoren, daher konnten, falls Wetterschutz gewünscht wurde, problemlos die entsprechenden Fritzmeier-Kabinen angebracht werden. Die Geräteträger-Baureihe erhielten später aber Werk geschlossene Kabinen.
Der »F 250 GT« von 1970 war dann der erste Geräteträger mit Servolenkung, hier hatte Fendt dann auch, um die Sichtverhältnisse zu verbessern, den MWM-Dreizylindermotor unter den Fahrerplatz verbannt. Im Prinzip hatte änderte sich an dieser Auslegung dann nichts mehr. Die nachfolgenden Versionen »F 255 GT« und »F 275 GT« waren in verschiedenen Ausführungen lieferbar, darunter auch – etwa als »F 275 KGT II« mit Ladepritsche, integrierter Kabine und Heckbagger für Kommunen und Bauhöfe.

Fendt Agrobil

Um 1968 experimentierte Fendt mit einem selbstfahrenden Ladewagen für die Grünlandwirtschaft unter der Projektbezeichnung »Unimat«. Ein luftgekühlter Deutz-Diesel mit 36 PS trieb die Vorderachse an. An dem Triebkopf war in Knicklenkertechnik ein einachsiger Ladewagen angeschlossen. Ein Mähgerät sollte im Frontbereich und ein Stallmiststreuer im Heckbereich angebracht werden. Mehr als ein Prototyp wurde aber nicht gebaut. Nachdem mit Hilfe (und auf Druck) der Bayerischen Landesregierung im Jahre 1970 die in Konkurs gegangene Landmaschinenfabrik Lely-Dechentreiter übernommen worden war, nutzte Fendt die dortigen Entwicklungen für ein Mehrzweck-Fahrzeug für landwirtschaftliche Großbetriebe sowie für den Kommunalbetrieb. In 112 Exemplaren entstand nun bis 1982 der »Agrobil S«-Ladewagen mit Deutz-Unterflurmotor, Vollsynchrongetriebe und Geländebereifung. Auf dem Rahmen vorne links saß die Fahrerkabine mit zusätzlicher unterer Frontscheibe zur Beobachtung des Arbeitsbereiches, hinten war ein Aufbau der Landmaschinenfabrik Mengele montiert. Die Konstruktion gab Fendt dann an die Firma Rhein-Bayern Fahrzeugbau GmbH in Kaufbeuren ab, die nach 1985 nochmals einige Einheiten, dann aber mit der Viererklubkabine von Magirus-Iveco, herstellte.

Fendt Xylon

Im Jahr 1991 stellte Fendt die Studie »Xylon 320« vor. Der Geräteträger mit mittig aufgesetzter Kabine kombinierte die sogenannte Freisicht-Kabine des »GTA«-Traktors mit den vier Anbauräumen der GT-Reihe. Der Systemtraktor ging 1995 dann in drei Leistungsklassen mit aufgeladenen MAN-Dieseln mit 110-, 125- oder 140-PS-Version in Serie. Diese lagen jeweils unterflur unter der kippbaren Zweimann-Kabine; das Fendt-44-Gang-»Turboshiftgetriebe« (Turbokupplung und vierfache Lastschaltung), Allradantrieb (auf die Achsen mit unterschiedlicher Radgröße) und eine niveaugeregelte Vorderachsfederung gehörten zu den weiteren Besonderheiten dieses 50 km/h schnellen Traktors mit Lkw-Qualitäten. Ab Werk verfügte der Xylon über Kraftheber an Front und Heck.

GUTBROD FARMAX

Selbstfahrer waren in den 1950er Jahren noch kein Thema, denn bei der kleinteilig strukturierten Landwirtschaft konnte sich das kein Landwirt leisten. Die Alternative dazu waren Geräteträger, wie sie der Unimog populär gemacht hatte. Dieses neuartige, unglaublich vielseitige Fahrzeug rief Nachahmer auf den Plan. Der früheste Versuch datiert von 1948, als die im württembergischen Plochingen ansässige, im Jahr zuvor gegründete Gutbrod Motorenbau GmbH auch im Bereich der Landmaschinentechnik in Erscheinung treten wollte. Das Unternehmen, bereits bekannt als Hersteller von Kleintransportern, war bestrebt auch ins Automobilgeschäft einzusteigen. Darüber hinaus plante Gutbrod in seinem Werk im saarländischen Bübingen, unter anderem eine neu konstruierte, multifunktionale Arbeitsmaschine zu bauen.

Der »Farmax« war dafür gut ausgerüstet: Die Grundauslegung ähnelte einem herkömmlichen Schlepper mit den typischen unterschiedlich großen Rädern vorne und hinten, wobei Letztere jedoch kleiner ausfielen als bei einem landläufigen Traktor. Wo sonst der Motor saß, breitete sich beim »Farmax« eine geräumige Ladepritsche aus. Dahinter, genaugenommen noch hinter der Hinterachse, saß der Fahrer und kommandierte die Fuhre. Unter ihm sorgten wahlweise ein auch in den Gutbrod-Kleinwagen eingesetzter, 600 cm^3 großer Zweizylinder-12/14-PS-Zweitakter oder alternativ ein 765 cm^3 großer Einzylinder-10-PS-Dieselmotor des deutschen Herstellers Farymann für Vortrieb. Das als

Typisch für den Fendt Xylon 524 ist die mittig platzierte Kabine. Er eignet sich auch sehr gut für Transportfahrten, nur die MAN-Diesel könnten stärker sein. (© AGCO / Fendt)

Einer von drei Xylon 524 in Forstausrüstung mit 10-m-Kran von Loglift, den die Firma N.U.P Umweltpflegetechnik GmbH in Winterthur einsetzt.
(© Joachim Kohler Bremen / CC-BY-SA 4.0)

Bei der Gutbrod »Farmax-Ackerbaumaschine« befand sich die Ladepritsche vorn. Die Bodenbretter ließen sich abnehmen, um Sicht auf den mittleren Anbauraum zu erhalten.
(© Slg. Gebhardt)

Lanz hat mit dem Alldog den Geräteträger populär gemacht. Die ersten Modelle erschienen 1951, hatten aber einen völlig ungeeigneten Motor. Auch ein Wechsel des Lieferanten ergab keine zufriedenstellende Lösung. Ansonsten galt der Alldog mit seinem Zweiholm-Rohrrahmen als ganz großer Wurf, seine Fertigung wurde aber nach der Übernahme durch John Deere 1960 eingestellt. Dieser A 1806 trägt bereits die JD-Lackierung.
(©hmboo Electrician and Adventurer / CC-BY-NC 2.0)

Mulag, in der Nähe des Unimog-Werks gelegen, baut heute in erster Linie Flugfeld-Fahrzeuge wie die Comet-Reihe und Anbaugeräte für den Unimog. Die Fertigung von landwirtschaftlichen Geräteträgern wurde 1963 eingestellt. (© JoachimKohlerBremen, CC-BY-SA 4.0)

Wie andere Geräteträger, litt auch der Lanz Alldog unter einem zu schwachen Motor und einer ungeeigneten Getriebeübersetzung. Erst nach erheblichen Modifikationen überzeugte das Konzept. (© High Contrast, CC-BY-SA 3.0)

Der M5 mit geschlossener Ganzstahlkabine und freundlich blickendem Gesicht war der letzte Mulag-Traktor; die M5-Reihe mit 15 PS starkem MWM-Motor lief 1963 aus. (© Mulag Fahrzeugwerk)

Kraftübertragung verwendete Getriebe von Getrag verfügte lediglich über drei Vorwärtsgänge und einen Rückwärtsgang. Dafür waren aber serienmäßig zwei Zapfwellen zum Betrieb von Anbaugeräten an Bord. Größte Stärken des Gutbrod waren aus damaliger Sicht seine Kompaktheit mit einer Gesamtlänge von nur 2950 mm – ein halber Meter kürzer als ein Ur-Unimog der Baureihe 70200 – und einem Radstand von 1450 mm sowie die geringen Anschaffungs- und Unterhaltskosten.

LANZ ALLDOG

Der Lanz »Alldog« feierte 1951 auf der Hamburger DLG-Ausstellung Premiere. Der Geräteträger galt als echte Sensation, was nicht nur daran lag, dass Deutschlands bedeutendste Traktor-Hersteller ein solches Fahrzeug vorstellte: Die Konstruktion mit rechtwinkligem Rohrrahmenfahrgestell, an das mittig im Heck der Motor mit der Antriebseinheit schwenkbar angebracht worden war, verfügte zunächst über ein zweites Lenkrad an der Lenksäule. Dadurch konnte die Abdrift am Hang ausgeglichen werden; erstmals waren nun Arbeiten in Hanglage ohne Raupe möglich. Die Kraftübertragung erfolgte über ein Fünf-, später Sechsganggetriebe vor der Hinterachse. Der Fahrer saß rechts hinten, die Lenkseite führte durch den rechten Holm des Rahmens geführt wurde. Mit Ganzranklenkung und Portalachsen (hinten mit Vorgelege) war der Alldog extrem wendig und verfügte über viel Bodenfreiheit, auch das unterstrich die Ausnahmestellung des Lanz. Drei getrennt schaltbare Zapfwellenantriebe und ein hydraulischer Kraftheber gehörten zur Ausstattung, ebenso die variierbare Spurweite: Der Alldog hat das Geräteträger-Segment praktisch erfunden, kein Wunder also, dass die Konkurrenz alsbald ähnliche Konzepte präsentierte. Die aber hatten, was der Lanz nicht hatte – nämlich eine vernünftige Motorisierung. Der zunächst verwendete Einzylinder-Doppelkolben-Zweitakt-Vergasermotor der Triumph-Werke Nürnberg (TWN) mit 12 PS überzeugte vielleicht zwar in den TWN-Motorrädern; für den rauhen Ackerbetrieb war das kleine Triebwerk völlig ungeeignet. 1954 ersetzte ein in Gemeinschaft mit der TWN gefertigtes Einzylinder-Zweitakt-Dieselaggregat mit 12, ab 1955 mit 13 PS den Motorradmotor. Aber auch dieser luftgekühlte Kleindiesel mit Benzin-Anlasshilfe war eine Katastrophe, doch als Lanz ab 1956 endlich einen soliden, wassergekühlten MWM-Zweizylinder-Kleindiesel mit 18 PS anbieten konnte, war der Ruf schon ruiniert: Schon bald nach der Lanz-Übernahme durch John Deere stellten die neuen Eigner die Produktion 1960 ein.

MULAG

Aus bescheidenen Anfängen heraus gründete Heinz Wössner am 01. August 1953 in Bad Peterstal-Griesbach im Schwarzwald die Firma Huber & Wössner GbR, die zwar später dann zur OHG umgewandelt wurde, aber das ursprüngliche Ziel, nämlich die Produktion von landwirtschaftlichen Fahrzeugen, beibehielt.

Der Kraftfahrzeugmechaniker-Meister Wössner war ein Tüftler, und seine Idee war eine Art von Unimog in klein und gerne auch nur mit drei Rädern. Seine Kreationen nannte er »MULAG«, was nicht nur Anklänge an den vierbeinigen Muli weckte, sondern entfernt auch an den Unimog

Mit Dreirad- und Vierrad-Fahrzeugen für die Landwirtschaft, die MULAG (»Motor Universal Lasten-Arbeitsgeräte«) hießen, begann 1953 die Erfolgsgeschichte des Fahrzeugbauers. (© Mulag Fahrzeugwerk)

erinnern mochte. Tatsächlich stand MULAG für »Motor-Universal-Lasten-Arbeits-Geräte« und bezeichnete zunächst Dreirad-Lastenfahrzeuge mit Motorrad-Lenkstange vorne und zuerst ILO-Motorradmotor. Die letzten hatten dann vier Räder und Güldner-Dreizylinder-Diesel vor der Hinterachse. Diese kam, ebenso wie das Getriebe, von Vorkriegs-Opel P4. Der Radstand lag bei unter zwei Metern, die Nutzlast eine halbe Tonne. MULAG-Zielgruppe waren Kleinbauern, und vor allem die im Schwarzwald. Auf die dortigen Gegebenheiten – steile Lagen, schwieriges Gelände, dichter Bewuchs – schneiderte MULAG seine Kleintraktoren passgenau zu; die nach 1955 zusätzlich angebotenen Vierrad-Traktoren waren schmale, zweisitzige Frontlenker mit offener Kabine, zum Teil mit größeren Hinter- als Vorderrädern, um bergauf mehr Traktion zu erzeugen. Die letzten MULAG-Geräteträger – natürlich waren die inzwischen längst mit Sperren, Zapfwellen und dergleichen lieferbar und konnten mit allerlei Zubehör wie Seitenmähbalken versehen werden – hatten dann sogar ein Ganzstahl-Fahrerhaus, einen verstellbaren Radstand und bis zu einer Tonne Nutzlast. Die Fertigung der kleinen Geräteträger stellte MULAG 1964, mit dem Wechsel zur neuen Gesellschaftsform, ein, denn inzwischen war der Unimog so weit verbreitet, dass eine eigene Produktion nicht mehr lohnte.

Stattdessen begann das Unternehmen im Ortenaukreis (und damit nicht weit von der Unimog-Produktionsstätte entfernt) mit der Fertigung von kleinen Flugfeld-Schleppern (die Kanadische Luftwaffe unterhielt im benachbarten Lahr einen großen Fliegerhorst), Anbau-Geräten und Spezialkabinen für den Unimog. Heute umfasst das MULAG-Programm die gesamte Palette von Anbaugeräten zur Straßenunterhaltung: Heckausleger- und Böschungs-Mähgeräte mit bis zu neun Meter Auslage, Mähgeräte an Telekopauslegern zum Frontanbau mit einer Reichweite von bis zu siebeneinhalb Metern für Arbeiten im straßennahen Bereich, für das beidseitige Ausmähen von Gräben und Arbeiten hinter Schutzplanken. Außerdem hat MULAG auch eine Mähraupe für Böschungen entwickelt.

RITSCHER MULTITRAC

Heinrich Wilhelm Ritscher gründete 1879 eine Maschinenfabrik, die sich besonders dem Bau von Moorkultivierungsgeräten zuwandte. Erste motorisierte Grabenreiniger auf Kettenfahrgestellen entstanden um 1919, was die mehrfach umbenannte Firma unter Leitung von Sohn Karl (1896–1970) schließlich veranlasste, in der Vorkriegszeit als »eine der ältesten Traktorenfabriken Deutschlands« zu werben.

Ritscher Junior hatte zwischen 1914 und 1919 in den USA gelernt, dort unter anderem auch bei Ford gearbeitet und die Anfänge der amerikanischen Schlepper-Fertigung miterlebt. Der erste eigene Ritscher-Traktor kombinierte daher die amerikanische Idee vom Traktor mit der familieneigenen Kompetenz in Sachen Kettenfahrzeugen. Der erste Traktor von 1921 war daher ein Raupenschlepper. Ritzscher wandte sich in den 1930er Jahren dem Bau von Radschleppern zu, fertigte Grabenreinigungsgeräte und Schlepper mit Holzsgasantrieb bevor er 1948, nach Beseitigung der Kriegsschäden, mit der Wiederaufnahme der Traktor-Fertigung begann. Auf dieser Basis kam es dann 1954

Dreiradschlepper der N-Serie von 1937: Die meisten Ritscher jener Jahre hatten diese amerikanisch anmutende Konstruktion. (© Hajotthu / GNU 1.2)

Der Frontschriftzug macht es deutlich: Dieser Ritscher »517 G Multitrac« wurde nach 1955 gebaut, denn dann erst schrieb er sich mit »c« am Ende, nicht mehr mit »k«. Für Vortrieb sorgte ein 17 PS starker Güldner-Motor. Die Baureihe lief bis 1962, zuletzt mit Deutz-Motoren und über das Deutz-Vertriebsnetz. Kurz darauf stellte Ritscher die Fahrzeugfertigung komplett ein. (© Ra Boe / CC-BY-SA 3.0)

Rund 700 Geräteträger bauten die Moorburger Treckerwerke von Anton Ritscher für Güldner und Deutz. (© Ra Boe / CC-BY-SA 3.0)

Ab 1949 baute Ritscher Vierradschlepper. Hier verlief die Lenksäule nicht nach Art der US-Modelle über, sondern neben der Haube. Dieser Typ 415 von 1953 hat einen 15 PS starken Einzylinder-Motor. (© Slg. Gebhardt)

Pressebild von 1954: Trotz des durchdachten Konzepts war die »Ruhrstahl Landmaschine« kein kommerzieller Erfolg. (© Slg. Gebhardt)

Kennzeichen der Ruhrstahl-Geräteträger waren die beiden U-förmig weit nach oben hochgekröpften Kastenholme und das umfangreiche Angebot an Geräten. (© Udo Paulitz / Slg. Gebhardt)

1949 versuchte Schmotzer, mit einem landwirtschaftlichen Universalgerät den Neustart. Es erhielt den Namen »Kombi« und war zunächst nur schwach motorisiert, 1951 kamen stärkere Motoren. (© Slg. Gebhardt)

Im Gemüsebau kommt es vor allem auf Präzision an, nicht so sehr auf Zugkraft. Genau für diesen Spezialkulturenbau präsentierte Schmotzer aus Bad Windsheim seinen Geräteträger, der allerdings hier »Mehrzweckgerät« hieß. Typisch war das Breitspur-Fahrwerk, wie es dieser 18-PS-Schmotzer »Kombi Record« von 1957 aufweist. (© granada_turnier, CC-BY-SA 2.0)

zur Einführung einer Geräteträger-Baureihe, die neben leichten und mittleren Schleppern ein weiteres Produktionsstandbein bilden sollte. Den »Multitrac« gab es mit Riemenscheibe, Zapfwelle und Kraftheber an Front und Heck sowie variablem Radstand dank trickreich aus den Rahmenlängsträgern herausziehbaren Rundholmen. Nach 1956 gab es auch die Möglichkeit, größere Räder zu montieren, was die Bodenfreiheit erhöhte. Für Vortrieb sorgten zunächst ein schwächlicher 12-PS-MWM-Diesel, dann ein 17 PS starker Güldner-Motor. Jenes Unternehmen übernahm übrigens rund 500 Ritscher-Geräteträger für sein eigenes Schlepperprogramm, die sich einzig durch die Farbgebung und das Firmenzeichen unterschieden. Umgekehrt übernahm Ritscher manche Güldner-Schlepper in sein Programm.

Rund ein halbes Hundert Multitrac wurde auf die Bedürfnisse der Bauwirtschaft umkonstruiert, doch auch der »Bau-Multi« konnte die sinkende Nachfrage Güldners nicht kompensieren. Daraufhin kooperierte Ritscher 1958 mit Klöckner-Humboldt-Deutz und konnte über deren Vertriebsnetz weitere 200 Exemplare der D-Serie mit Deutz-Diesel absetzen. Insgesamt fertigte Ritscher knapp 2890 Exemplare, bevor die Produktion 1962 auslief. Karl Ritscher selbst hatte seine Firma 1961 verkauft, die neuen Eigner stellten die dann Produktion ein.

RUHRSTAHL GERÄTETRÄGER

Eigentlich hätten die Ruhrstahl-Werke nach 1945 demontiert werden sollen, denn schließlich waren sie während des Zweiten Weltkrieges als Rüstungsbetrieb tätig gewesen. Um diesem Schicksal zu entgehen, griff das Unternehmen, das 1930 aus dem Zusammenschluss verschiedener Stahlwerke hervorgegangen war, die Idee eines gewissen Heinrich Hildebrand auf, der sich einst einen Namen gemacht hatte mit der Konstruktion von Motorkippflügen. Hildebrand arbeitete an einem Konzept für einen speziellen Traktor, der zwischen den Achsen viel Freiraum zum Anbau von landwirtschaftlichen Geräten haben und von nur einem Mann bedient werden sollte – ein sogenannter Geräteträger. Ruhrstahl setzte dieses Konzept von Hildebrand um und entwickelte 1951 den »Ruhrstahl Geräteträger B 07/B 11«. Der eigenwillig aussehende Traktor bot so dem Fahrer freie Sicht auf alle angebauten Geräte. Leider kostete diese Konstruktion samt den erforderlichen Zusatzgeräten, die Ruhrstahl von Fremdfirmen hatte entwickeln lassen, eine Menge Geld, zu viel für kleine Betriebe. Für größere Betriebe wiederum war der 20/22-PS-Henschel-Motor zu leistungsschwach. So kam es, dass trotz offizieller Auszeichnungen, die Ruhrstahl erhielt, von ihrem Geräteträger lediglich einige hundert Exemplare gefertigt wurden. Die Ruhrstahl AG selber beendete daraufhin dessen Herstellung 1956 und wandte sich lohnenderen Projekten zu.

SCHMOTZER REKORD

Hans Schmotzer gründete 1905 eine Fahrradwerkstatt in Windsheim, der er kurze Zeit später einen Vertrieb von landwirtschaftlichen Maschinen und eine Werkstatt anschloss. Schnell stellte er auch erste eigene Vorderwagen für Mähmaschinen und Schrotmühlen her. 1922 kam die Fertigung von Hackmaschinen und 1926 die Produktion von Kartoffel-

GERÄTETRÄGER

rodern hinzu, die weltweit exportiert wurden. Nach 1949 präsentierte Schmotzer dann »Kombi«-Geräteträger. Hinter dem Fahrersitz befand sich eine kurze Ladepritsche; der Rahmen konnte verschiedene Anbau- und Erntegeräte aufnehmen. Für die geringe Arbeitsgeschwindigkeit reichten zunächst 5- oder 6-PS-Hirth-Viertakt-Motoren aus. Mit den 14 PS starken Motoren von Stihl und von Farny & Weidmann oder einem 18 PS starken VW-Industriemotor ab 1951 bewegt, gehörten eine Zapfwelle und ein elektrischer Kraftheber zur Serienausstattung der bis 1958 gebauten Maschinen. Zwei Jahre später meldete sich das Unternehmen mit dem »Kombi Record« mit Heckhydraulik, der als Geräteträger oder als Ladewagen eingesetzt werden konnte. Die Rohrrahmenkonstruktion ermöglichte eine Spurverstellung bis auf 3000 mm sowie den Zwischenachseinbau von Geräten; später schien auch eine Variante als Frontsitz-Geräteträger. Angetrieben von einem 45 PS starken Perkins-Diesel, wurde der Geräteträger im Lohnauftrag bei den österreichischen Reform-Werken in Tels/Tirol gebaut, die auch schon den Ladewagen-Aufbau geliefert hatten. Die Maschinenfabrik Schmotzer GmbH ist bis heute aktiv, hat aber den Bereich Hacktechnik zum 1. Januar 2019 an die Amazone-Gruppe verkauft.

WESSLER ACKERMEISTER

Im Jahre 1936 konstruierte Heinrich Wesseler, der Sohn von Firmengründer Bernhard, in den Räumen der 1879 etablierten Landmaschinenfabrik einen Schlepper für den Eigenbedarf. Nachdem diese Konstruktion hinreichend erprobt und verbessert worden war, begann 1938 die Produktion, wobei die Zeiten denkbar schlecht waren, weil die Rüstung Vorrang hatte. Etwa 20 Stück entstanden in der bis dahin üblichen Machart in Rahmenbauweise und Einzylinder-Motor bis 1940/41. Nach dem Krieg folgte ein 22-PS-Typ, dem zahlreiche weitere leichte und mittlere Ackerschlepper folgten. Für diese typisch war der neue Rahmen mit Wespentaille, denn hier stellte ein Vierkantrohr die Verbindung des Motor-Getriebeblocks zur Hinterachse her. Das gab Platz für den Anbau von Ackergerät zwischen den Achsen. Ebenfalls charakteristisch waren die Portal-Vorderachse, die in der Spurweite verstellbaren Räder und die damals noch nicht überall üblichen Ausstattung mit Zapfwelle und Hydraulik.

Im Jahre 1956 erweiterte das Unternehmen sein Angebot durch die Konstruktion eines in Halbrahmenbauweise ausgeführten Geräteträgers. Dieser »WLG Ackermeister« hatte seine luftgekühlten Ein- und Zweizylindermotoren mit anfänglich 12 oder 18 PS über der Hinterachse. Hier verband das Vierkantrohr die Vorderachse mit dem Motor-Getriebeblock am Heck. Die anderen Features – Zapfwelle, Hydraulik, verstellbare Spur – entsprachen den Traktortypen. Wesseler fertigte rund 100 Traktoren und Geräteträger pro Jahr, insgesamt dürften rund 3500 Fahrzeuge entstanden sein. Der Schlepperbau wurde 1966 eingestellt, die Landmaschinenfabrik schloss dann 1988 endgültig die Pforten.

Die Pritsche machte aus dem Acker- den Lademeister. Dieser Prospekttitel von 1965 erschien kurz bevor Wessler die Traktorproduktion ganz einstellte. Die Landwirtschaft nämlich steckte wieder einmal in der Krise. Es gab zu viele Kleinbauern, die unrentabel wirtschafteten, weil sie nicht genügend Fläche hatten, und daher aufgaben.
(© Slg. Gebhardt)

Extrem rar: Der Geräteträger von Wessler. Die »Ackermeister«-Serie startete 1956. Die Stückzahlen waren aber stets viel zu klein und die Kosten zu hoch. Offiziell stand der Geräteträger mit MWM-Motor (hier 18 PS starker WLG 18, 1956) bis 1966 im Programm, kaum 60 Stück sollen gebaut worden sein.

(© Udo Paulitz / Slg. Gebhardt)

MB-TRAC & UNIMOG

Die Nachkriegszeiten waren schwierig, Hunger und Not bestimmten den Alltag. Auf den Höfen fehlten helfende Hände, Maschinen und Zugtiere. Unter diesen Umständen war die nächste Hungerkatastrophe absehbar. Die Alliierten unterstützten alle Maßnahmen, die eine Steigerung der Nahrungsmittelproduktion versprachen. Daher gaben sie auch die Genehmigung zur Entwicklung eines kleinen Allrad-Lkw, der vielseitiger einsetzbar sein sollte als jeder Traktor. Denn diese unfassbare Vielseitigkeit war von Anfang Bestandteil des Unimog-Konzepts und stand letztlich auch bei der Namensgebung Pate: »Universal-Motor-Gerät« für die Landwirtschaft.

Aus dem Traktorersatz entwickelte sich in den folgenden Jahren und Jahrzehnten eine schier unüberschaubare Modellfamilie, die dank einer Fülle von rund 3600 Anbaugeräten und Verwendungen praktisch alle Bereiche bei Gewerbe, Kommunen und Landwirtschaft erobert hat. Einen ähnlichen Erfolg erhoffte man sich wohl auch mit dem MB-trac. Auch wenn sich dieser nicht einstellte: Wie der Unimog wurde auch er zur Legende.

(© Daimler Truck AG)

MB-trac 65/70 als Allradschlepper für die Forstwirtschaft bei der Schwachholz-Bringung. Die Forstausrüstung stammte von der Firma Werner, Trier, die später dann auf Basis des MB-trac ihre Forstschlepper baute. Die Lackierung war markentypisch: Der Aufbau hatte den Farbton »Kieselgrau«, Kotflügel und Felgen die Farbe »Blutorange«. (© Daimler Trucks AG)

Die neue Mittlere Baureihe, bestehend aus den Modellen MB-trac 1000 und 1100, wurden zwischen 1987 und 1991 gebaut. Sie hatten den Sechszylinder-Saugmotor OM 366 unter der Haube. (© Ralf Weinreich)

Um Baukosten zu sparen, übernahm der MB-trac – hier ein Typ 1000 (1982–1987) viele Teile vom Unimog, zu sehenr neben einem Vertreter der Baureihe 403 (1969–1988). (Foto: © Ralf Weinreich)

MB-TRAC & UNIMOG

MB-TRAC

Nachdem der Unimog Ende der 1960er Jahre in der Landwirtschaft immer mehr ins Hintertreffen geriet und die konventionellen Schlepper an Boden gewannen, konzipierte Daimler-Benz einen neuen Geräteträger, der das Unternehmen wieder fest im Agrarsektor verankern sollte. Aus Kostengründen sollte dafür möglichst viel Unimog-Technik verwendet werden. Bereits 1967 entstand ein erster Prototyp, der die Bezeichnung A 60 trug. Firmeninterne Differenzen verhinderten zunächst aber eine Weiterentwicklung, bis die Ankündigung eines ähnlichen Konzeptes von Klöckner-Humboldt-Deutz (KHD) die Stuttgarter wieder auf Trab brachte.

Überlegene Mixtur aus Unimog und Traktor

1972 stellte Daimler das erste Modell vor, den MB-trac 65/70, wobei die Ziffern, nach guter Unimog-Tradition, die Motorleistung andeuteten. Obwohl er eher einem typischen Traktor glich, unterschied er sich von einem solchen in vielerlei Hinsicht. Vom Unimog geerbt hatte der MB-trac die Rahmenbauweise, die vier gleich großen Räder samt Allradantrieb und anfänglich auch die Portalachsen, später – nachdem der Konzern endlich seine Lieferschwierigkeiten in Sachen Lkw-Achsen durch den Ausbau des Werks in Kassel gelöst hatte – kamen Planetenachsen zum Einsatz. Anders als beim Unimog oder bei Konkurrenzschleppern lag die Fahrerkabine zwischen den Achsen, wodurch bei voller Zugkraft das Gewicht des MB-trac gleichmäßig verteilt wurde. Außerdem stand nun, neben Front und Heck, hinter der Fahrerkabine ein dritter Anbauraum zur Verfügung. Das Fahrerhaus selber war modern und übersichtlich gestaltet, die Ergonomie vorbildlich, und man merkte den Erfahrungsvorsprung des Herstellers im Bau von Lkw-Kabinen.

Leichte und schwere Baureihen

1975 ersetzten die MB-trac 700 und 800 ihre Vorgängermodelle. Mit 65 und 72 PS bildeten sie die leichte Reihe, die im Folgejahr eingeführteschwere Reihe umfasste die MB-trac 1000 und 1100 (95 und 110 PS). Zu Beginn der 1980er-Jahre überarbeitete und modernisierte der Konzern den MB-trac erneut und präsentierte – nachdem auch die Konkurrenz immer stärkere Traktoren anbot – mit den Modellen 1300 und 1500 Großschlepper mit 125 und 150 PS. Die Fahrerkabine war nun schallisoliert, der Komfort für den Fahrer optimiert. Das Facelift indessen kam zur Unzeit, denn im Gefolge der zweiten Ölkrise 1979/80 lahmte die Weltwirtschaft und auch die Landwirtschaft stürzte in eine ihrer periodisch wiederkehrenden Krisen. Viele Betriebe gaben auf, die Nachfrage ging zurück und damit brachen auch die Verkaufszahlen des teueren Mercedes-Traktors.

Um Kosten zu sparen, versuchte man eine Kooperation mit KHD, wo der Intrac zur Erneuerung anstand, scheiterte aber. So bildete die 1987 auf Kiel gelegte Baureihe 443 mit dem Topmodell 1800 turbo Intercooler (180 PS) Höhe- und Endpunkt der trac-Produktion. Inzwischen nämlich standen völlig neue Unimog-Baureihen am Start, die kostengünstige Übernahme von Unimog-Komponenten war nun nicht

Der MB-trac 700 K wurde als vielseitig einsetzbare Allradmaschine für Kommunen konzipiert. Der Unimog war aber wesentlich verbreiteter. (© Daimler Truck AG)

mehr möglich. Daher hatte die sinkende Anzahl der Befürworter eines Weiterbaus innerhalb des Konzerns schlechte Karten: Ende 1991 ließ die Daimler-Benz AG die Fertigung des MB-trac auslaufen. Kabine und Konzept dienten aber als Vorlage für diverse Geräteträger-Konzepte, etwa für Dammann oder auch Krafft in Lübeck. Die aus dem VEB Traktoren- und Dieselmotorenwerk Schönebeck/Elbe hervorgegangene Landtechnik Schönebeck (LTS) und die Nachfolgefirma Doppstadt bauten mit Genehmigung ebenfalls MB-tracs, leicht modifiziert und mit Raba-Achsen, zwischen 1997 und 2003.

Der MB-trac 1800 Intercooler mit Direkteinspritzung, Turbolader und Ladeluftkühlung war der letzte und stärkste Mercedes-Traktor. (© Daimler Truck AG)

Vom MB-Trac zum WF trac

Am längsten dran am Original blieb aber der WF-trac der Trierer Firma Werner GmbH, die den ehemaligen Traktor zum Forstschlepper weiterentwickelt hatte.

Gegründet wurde das Unternehmen ursprünglich von Schlossermeister Johann Werner 1902, die Firma machte sich mit dem Bau von Seilwinden einen Namen. Als Mercedes-Benz die Rechte am Unimog übernahm und ihn in Gaggenau baute, entwickelte Werner dafür Anbau-Seilwinden und wurde damit so erfolgreich, dass in den Folgejahren praktisch nur noch Unimog-Zubehör entstand. Speziell für den Forstbetrieb baute Werner den »Uniknick« mit Triebkopf des U421 und Heckrahmen als Spezialfahrzeug für Rückearbeiten im Steilhang. Als Mercedes-Benz den MB-trac für die Landwirtschaft ableitete, war Werner zur Stelle und lieferte Seilwinden, Frontpolterschilde und andere Forstgeräte an. Als die Produktion des MB-Trac 1991 auslief, entschloss sich die Werner Forst- und Industrietechnik, die Konstruktion zu übernehmen und in Eigenregie weiterzubauen. Man vermarktete sie ab 1993 als »WF-trac«. Zu den Neuerungen gehörten eine Loadsensing-Hydraulik, ein Sechsgang-Lastschaltgetriebe und ein drehbarer Fahrersitz zur Anpassung an die jeweilige Arbeitssituation. Die Motorleistung lag zwischen 95 und 177 PS. Zu Beginn der 2000er Jahre folgten weitere Innovationen wie etwa ein stufenlos leistungsverzweigtes Getriebe von ZF oder die um 270 Grad drehbare Kabine. Nach einem Besitzerwechsel des Unternehmens 2006 stellte Werner vier Jahre später eine neue Palette an Forstmaschinen vor, die nur noch entfernt an den MB-trac erinnerten. Zu deren Hauptkennzeichen gehörten sparsamere, abgasreduzierte Vier- und Sechszylinder-Motoren von Mercedes, Knicklenkung und eine vergrößerte Kabine.

Die verschiedenen Generationen im Überblick. Die 1980er-Jahre-tracs traten wesentlich bulliger auf. (Daimler Truck AG)

Werner, Trier, baute den MB-trac weiter. Ein moderner WF-trac hat aber mit dem Original praktisch keine Gemeinsamkeiten mehr. (© Werner Forst & Industrietechnik Scharf GmbH)

MB-trac 1000 mit Frontspritze und Gerät zur Saatbettbereitung zum verlustfreien Einarbeiten von Herbiziden. Der Hersteller der Pflanzenschutztechnik war Rau, das Unternehmen gehört heute zu Kverneland; Drillmaschinen-Hersteller Hassia ging in der Lemken-Gruppe auf (© Daimler Truck AG)

Der Unimog-Prototyp bei der Erprobung im Oktober 1946: Das Konzept war einzigartig. (© Daimler Truck AG)

Die halbautomatische Kartoffel-Pflanzmaschine war ein Anbaugerät aus den Anfangsjahren des Unimog. Die Spurbreite des Unimog war auf die Kartoffelreihen ausgelegt: 1270 mm betrug sie und so passten zwei Kartoffelreihen genau zwischen die Räder. (© Daimler Truck AG)

Der Unimog war ursprünglich als landwirtschaftliches Nutzfahrzeug konzipiert worden, als Traktor. Sonst hätten die Alliierten die Baugenehmigung verweigert. Rund um den neuartigen Geräteträger entwickelte sich eine lebhafte Zubehörindustrie, wie dieser Unimog der Baureihe 411 mit Mähbalken, Seitenwagenhäcksler der Firma Speiser und Amazone-Ladewagen beweist. (© Daimler Truck AG)

Stoll gehörte in den Anfangsjahren zu den wichtigsten Unimog-Geräteherstellern: »Wenn's besser gehen soll – nimm Unimog mit STOLL!« . (© Daimler Truck AG)

Ein 25-PS-Unimog U 25 (BR 401) mit Stoll T 8 Aufbauspritze. Die Arbeitsbreite der Pflanzenschutzspritze betrug acht Meter. (© Daimler Truck AG)

UNIMOG

Der Unimog war von Anfang an als konkurrenzlos vielseitiger Traktor konzipiert worden. Mit Zapfwellen, Allradantrieb und gleichgroßen Rädern war er ideal auf die schwierigen Verhältnisse in der bundesrepublikanischen Land- Bau- und Forstwirtschaft abgestimmt. Denn kurz nach dem verlorenen Krieg waren die Zeiten schwierig, Hunger und Not bestimmten den Alltag. Obwohl unter den Zerstörungen in erster Linie die Industriezentren litten: Auch auf dem Land hatten sich die Verhältnisse grundlegend gewandelt, denn es fehlte an Männern, die auf den Höfen zupacken konnten: Nichts mehr war in Deutschland, wie es gewesen war, und der Münchner Albert Friedrich, zuletzt Chefkonstrukteur der Flugmotorensparte bei Daimler-Benz, schlug sich nach Süddeutschland durch, im Gepäck die Skizze für ein extrem geländegängiges kleines Nutzfahrzeug mit Allradantrieb. Sein Kollege Heinrich Rößler, ebenfalls Flugmotorenkonstrukteur bei Daimler-Benz, hatte es im Sommer 1945 ebenfalls in seine schwäbische Heimat zurückgeschafft. Natürlich war er arbeitslos und wie auch Albert Friedrich mit Arbeitsverbot bei Daimler-Benz betroffen. Weil aber helfende Hände überall gebraucht wurden, packte er auf einem Bauernhof in Radelstetten mit an, einem, der von einer verzweifelten Witwe bewirtschaftet wurde, die nicht mehr wusste, wie sie die Felder bestellen, die Tiere versorgen und die Ernte einbringen sollte. Wie in Radelstetten war es fast überall: Es fehlte an Arbeitskräften, Maschinen und Zugtieren. Unter diesen Umständen war die nächste Hungerkatastrophe absehbar. Die Alliierten waren nicht in der Lage, die Menschen ausreichend zu versorgen und unterstützten alle Maßnahmen, die eine Steigerung der Nahrungsmittelproduktion versprachen. Daher waren Genehmigungen und Materialzuteilungen für die Landwirtschaft leichter zu erlangen als zum Beispiel solche für Personenwagen.

Ein weiterer Umstand wirkte sich auf die Landwirtschaftsproduktion aus: In Folge des Kriegse waren die großen ostdeutschen Agrarflächen verloren gegangen, in der verbliebenen Bundesrepublik dominierten die kleinbäuerlichen Betriebe. Von den rund zwei Millionen Höfen waren 38 % zwischen 2 und 10 Hektar groß, die meisten Bauern bewirtschafteten noch nicht einmal 5 Hektar. Pro Hektar erntete ein Bauer im Schnitt 2,6 Tonnen Weizen, rein rechnerisch ernährte ein Landwirt zehn Städter – das war viel zu wenig, um alle satt zu bekommen.

Zum Vergleich: Heute können von den Erträgen eines Hektars knapp 150 Menschen versorgt werden. In jenen Jahren musste es vor allem darum gehen, Flächenerträge und Produktivität zu steigern - und da kam der Traktor ins Spiel. Angesichts der Betriebsgrößen mussten es gar keine Großtraktoren sein, wichtiger war, dass man sie vielseitig einsetzen konnte. Diese zentrale Forderung war von Anfang Bestandteil des Unimog-Konzepts und stand letztlich auch bei der Namensgebung Pate: »Universal-Motor-Gerät« für die Landwirtschaft.

Der Unimog ersetzt den Traktor

Damit war klar, was der neue Schlepper mindestens können musste: Er sollte alle Arbeiten erledigen können, für die man bislang ein Pferd oder einen Ochsen hatte. Ein an sich simples Lastenheft, doch unglaublich kompliziert, denn mit so einem Gespann konnte ein Landwirt viel mehr tun als nur Felder pflügen. Säen, zum Beispiel, die Mähmaschine ziehen und das Heu wenden, oder im Wald Holz rücken. Und, natürlich, in Kombination mit einem kleinen Anhänger waren die Tiere nützliche Helfer bei allen Transportaufgaben und beim Materialtransport. Der neue Traktor – Friedrich und Rößler hatten sich im Spätsommer 1945 zufällig wiedergetroffen – musste viel mehr leisten können als jedes Pferd oder jeder Ochse.

Unimog U 70 (Br. 406) mit Stahlfahrerhaus, aber sogenanntem Allwetterverdeck. Die Dosierung des Saatguts erfolgt über das Hinterrad, die Heckzapfwelle steuert die Einzelkorn-Sämaschine. (© Daimler Truck AG)

Von Schwäbisch Gmünd nach Gaggenau

Fehlte nur noch jemand, der die Mittel hatte, diese Ideen auch umzusetzen. Der erste Gang führte nach Untertürkheim, doch in Stuttgart hatte man alle Hände voll zu tun, die Fahrzeug-Produktion wieder in Gange zu bringen und die Werke wieder aufzubauen. Bei weiteren Branchengrößen sah es ähnlich aus und somit trat Friedrich an die ihm bekannte Firma Erhard & Söhne in Schwäbisch Gmünd heran. Das kleine Unternehmen hatte während des Krieges im Auftrag von Daimler-Benz Kühler und Kraftstofftanks hergestellt und traute sich den Bau einer kleinen Traktorserie zu. Und sie hatte Geld. Dort entstand der erste Prototyp, der ab Frühjahr 1947 auf ersten Landwirtschafts-Ausstellungen gezeigt wurde. Er fand so viel positive Resonanz, dass man bei Erhard kalte Füße bekam und realisierte, dass die ganze Geschichte einige Nummern zu groß für sie war. Nächste Station war die Werkzeugmaschinenfabrik Gebrüder Boehringer in Göppingen. Die Firma hatte zwar auch keine Erfahrung mit der Fahrzeugfertigung, aber mehr Geld, um es zu versuchen.

Dort – inzwischen schrieb man Februar 1948 – hat man zwei weitere Prototypen gebaut und mit dem neuen 1,7-Liter-Dieselmotor von Mercedes-Benz versehen. Wiederum ein Jahr später folgte das erste Serienfahrzeug, und halbes Jahr später erregte der Unimog bei der DLG-Ausstellung in Frankfurt am Main enormes Aufsehen. Schnell erteilten die zuständigen Behörden die Erlaubnis, den Unimog als Ackerschlepper mit Kurzpritsche in der Land- und Forstwirtschaft zuzulassen. Damit wurde er von der Kfz-Steuer befreit und durfte mit verbilligtem Dieselkraftstoff betrieben werden. Als Markenzeichen diente ein stilisierter Ochsenkopf mit Hörnern in Form eines »U« auf der Motorhaube.

Schon jetzt aber wurde deutlich, dass sich nicht nur die Landwirtschaft für das neuartige Fahrzeug interessierte, sondern auch Behörden, die auf ihre Zwecke abgestimmte Anbaugeräte suchten. Darüber hinaus musste in Windeseile eine funktionierende Vertriebsorganisation aus dem Boden gestampft werden. Zudem waren höhere Stückzahlen erforderlich, als sie Boehringer realisieren konnte. So kam es, dass der Unimog letztlich bei Motorenlieferant Daimler-Benz landete, der die Produktion dann ab Januar 1951 in seinem Lkw-Werk Gaggenau aufnahm. Technisch und optisch entsprachen die ersten in Gaggenau produzierten Unimog weitestgehend ihren Vorgängern. Unter der kurzen, steil abfallenden Motorhaube des nur 3,5 Meter langen Unikums, das inzwischen längst seine erstaunliche Leistungsfähigkeit bewiesen hatte, arbeitete weiterhin der 25 PS/18 kW starke Mercedes-Benz Die-

Die Firma Jacoby wurde im Herzen des Weinanbaugebiets Mosel mit ihren Pflanzenschutzspritzen sehr bekannt. Mit einer solchen auf der Pritsche kriecht der U 421 einen Weinberg bei Trier hoch. (© Daimler Truck AG)

Die Baureihe 406 während einer Geländevorführung auf dem eigenen Erprobungsgelände »Sauberg« nahe Gaggenau. (© Daimler Truck AG)

Der U 45 im typischen Unimog-Grün, Farbcode DB 7187 (Baureihe 421) wurde zwischen 1968 und 1971 gebaut. Auf diesem Pressefoto hat er einen Rüben-Vollernter von Schmotzer im Schlepp; der aufgebaute Kippbunker dagegen stammt von Stoll. (© Daimler Truck AG)

Der U 1500 wurde zwischen 1975 und 1988 gebaut. Er leistete 150 PS, gehörte zur Baureihe 425 und galt anfangs als »Schwerer« Unimog. Auf diesem Pressebild ist er mit bodenschonender Zwillingsbereifung bei der Saatbettbereitung eingesetzt. (© Daimler Truck AG)

Der große Anteil an Gleichteilen macht es nahezu unmöglich, einen Unimog auf Anhieb zu identifizieren. Dass es sich um einen 425er U 1500 handelt, wissen wir von der Pressestelle. Bei den Anhängern aber sieht es schlecht aus, wir tippen auf Auwärter oder Brantner. (© Daimler Truck AG)

selmotor OM 636. Selbst sein bisheriges Erkennungsmerkmal, der als Markenzeichen dienende stilisierte Ochsenkopf auf der Motorhaube, blieb noch eine ganze Weile erhalten. Erst ab Sommer 1953 trugen die Fahrzeuge den Mercedes-Stern im Kühlergitter, die Mercedes-Plakette löste den Ochsenkopf sogar erst drei Jahre später ab.

Die Familie wächst

Mit dem anfänglichen Einheitsmodell war es auf Dauer natürlich nicht getan. Noch im Premierenjahr des Unimog bei Daimler-Benz begannen Entwickler und die Vertriebsorganisation angesichts der vielfältigen Talente des Fahrzeugs, neue Absatzmärkte auch jenseits der Land- und Forstwirtschaft ins Visier zu nehmen, um den Unimog als multifunktional einsetzbaren Allrounder zu etablieren. Besondere Bedeutung hatten dabei die Gespräche mit Geräteherstellern, die schon früh von den Qualitäten und Fähigkeiten des Unimog als Systemfahrzeug überzeugt werden konnten. Sie passten ihr Angebot zunächst entsprechend an und bauten es im Lauf der Zeit immer stärker aus. Schon im Frühjahr 1953 waren für den Unimog neben typischen land- und forstwirtschaftlichen Anbaugeräten, wie einer Feld- und Baumspritzanlage, einem Mähwerk, einer Kettensäge oder verschiedenen Seilwinden, unter anderem bereits ein Keilschneepflug, eine Schneefräse, ein Stromgenerator sowie ein Abfallsammel-Auflieger der Firma Müller-Mitteltal zu haben.

Es folgten weitere Baureihen mit geschlossenem Ganzstahl-Führerhaus und längerem Radstand. Der Unimog S als seinerzeit größter Unimog entstand zwischen 1956 und 1980 für die Bundeswehr, er war der erste Unimog, der nicht von Anfang an als Traktorersatz beziehungsweise Geräteträger für die Landwirtschaft konzipiert worden war. Tatsächlich rückte die landwirtschaftliche Verwendung in den folgenden Jahren und Jahrzehnten immer mehr in den Hintergrund, wiewohl es noch immer eine umfangreiche Palette an landwirtschaftlichem Anbaugeräten gibt. Allerdings Kommunen und Behörden avancierten zu den wichtigsten Kunden.

Optisch kaum verändert, gehört dieser U 1600 zu der ab 1988 gebauten Unimog-427-Familie. Dieser »Schweren Baureihe« ist eine Profi-Feldspritze von Dammann aufgebaut. (© Daimler Truck AG)

Neue Ausrichtung

Mit Blick darauf wurde ab 1963 der Unimog 406 als erstes Modell einer neuen, mittelschweren Baureihe eingeführt. Ihr Kennzeichen: Neue Kabine, längerer Radstand (2380 mm) und stärke Lkw-Motoren. Weitere Modelle folgten 1966, nachdem die Mercedes-Marketingstrategen das Unimog-Programm immer weiter verzweigten und zwischen kleinen und mittleren Baureihen noch Lücken auszumachen glaubten, die sie mit weiteren Varianten füllten. Außerdem siedelten sie oberhalb der 406er-Famile eine »große«, also besonders leistungsstarke Reihe an und stopften dazwischen jede Menge weiterer Baureihen. Spätestens jetzt spielte der Unimog als Traktor in der Landwirtschaft im Grunde genommen keine Rolle mehr, interessant lediglich noch als Zugfahrzeug für Betriebe mit langen Transportetappen.

Mehr geht nicht: U 2100 (BR. 437, 1989–2002) mit Pflug, Packer und Scheibenegge. Der Unimog war bis 30 t Zuglast ausgelegt. (© Daimler Truck AG)

Geräteträger für Kommunen

Mitte des Siebziger begann Daimler-Benz mit der Umstellung der Verkaufsbezeichnungen für die einzelnen Unimog-Typen. Das führte allerdings kaum zu mehr Klarheit, denn das fröhliche Nebeneinander von Modell- und Baureihenbezeichnungen sorgte für maximale Konfusion. Die runden, klassischen Fahrerhäuser im 406er-Stil wurden nun zum Kennzeichen der leichten Klassen, die mittleren und schweren Baureihen erhielten ein neues, kantigeres Fahrerhaus und unterschieden sich lediglich im zulässigen Gesamtgewicht. Die Modelloffensive 1985 bis 1988 brachten umfassend renovierte Baureihen (407, 417, 427 und 437) in allen Gewichtsklassen, neue (beziehungsweise überarbeitete) Kabinen und 1993 mit dem U 2400 ein 240 PS starkes neues Spitzenmodell, nur noch übertroffen vom 1995 präsentierten Unimog U 2450 L 6x6.

Eine neue Ausrichtung

Die Tatsache, dass der Unimog inzwischen besonders oft als vielseitiges Kommunalfahrzeug zum Beispiel für Unterhaltungs- oder auch Reinigungsarbeiten genutzt wurde, führte im Frühjahr 2000 zu Konsequenzen für die Modellpalette: Vorgestellt wurde die neu entwickelte Baureihe 405 mit ihren Modellen U 300, U 400 und wenig später auch U 500. Sie ersetzten die bisherigen leichten, mittelschweren und schweren Baureihen und brachten endlich Struktur in das Modellprogramm. Mit Radständen von 3080 bis 3900 mm, zulässigen Gesamtgewichten von 7,5 bis 16 Tonnen sowie einem Leistungsspektrum zwischen 150 PS/110 kW im U 300 und 279 PS/205 kW für den U 500 stand ein Geräteträger-Programm zur Verfügung, denn man hatte diesen Unimog in Hinblick auf die mehr als 3000 lieferbaren verschiedenen Anbaugeräte konzipiert. Für diese Nutzer war der Verlust des letzten Quäntchens Geländegängigkeit zu verschmerzen.

2002 zog die Unimog-Produktion von Gaggenau in das Lkw-Werk in Wörth am Rhein um, und noch im selben Jahr wurde in Wörth die neue Baureihe 437.4 auf Kiel gelegt. Diese optisch und in ihrer technischen Auslegung komplett unterschiedlichen Fahrzeuge bildeten den zweiten Strang der inzwischen zweigleisigen Entwicklungsstrategie für den Unimog. Bei den neuen Modellen der Baureihe 437.4, die unter den Ausführungen U 3000, U 4000 und U 5000 angeboten werden, spielten Talente als Geräteträger keine besondere Rolle mehr. Vielmehr waren sie als hochgeländegängige Fahrzeuge für anspruchsvollste Einsätze abseits aller Straßen und Wege konzipiert. Und daran hat sich im Grunde genommen bis heute nichts geändert.

Das Facelift im April 2013 brachte der Baureihe 405 eine neue Optik, Euro-6-Motoren und eine größere Auswahl: U 318 in Agrarausführung mit Hauer-Frontheber und Ballenzange; Anhänger: Fortuna. (© Daimler Truck AG)

Nachdem das Holz geschlagen ist, wird es an der Forststraße abgelegt und dann abtransportiert – ein Job für den Unimog, hier mit Rückeanhänger von Schlang & Reichart im Schlepp. Der Forstkran ist aus der Perspektive nur zu erahnen. (© Daimler Truck AG)

Die große Stärke des Unimog gegenüber einem Traktor liegt in seiner Eignung für Transportfahrten für alle Arten von Gütern. Dieser U 530 mit HLW-Aufbau verkehrt als Milchsammelwagen. (© Daimler Truck AG)

Hochgeländegängige Unimog findet man auf den Höfen eher selten. Verbreiteter sind die Geräteträger. (© Daimler Truck AG)

Das Jahr 2000 brachte eine grundsätzliche Neuausrichtung der Unimog-Familie: Jetzt musste nicht mehr jeder Unimog alles können, sondern der Kunde konnte wählen zwischen eckigen, hochgeländetauglichen Geländelastwagen (Br. 437.4) mit vierstelliger Bezeichnung und den auch optisch etwas sanfter gerundeten Geräteträgern (Br. 405) mit dreistelliger Ziffernfolge. Im Bild ein U 500, wie er bis 2013 gebaut wurde. (© Daimler Truck AG)

SELBSTFAHRER

Der Begriff Selbstfahrer, so weiß es das Internet-Lexikon, stand ursprünglich als Sammelbezeichnung für dreirädrige Behindertenfahrzeuge. In der Landwirtschaft hingegen setzte sich die Bezeichnung für Maschinen mit verschiedenen Aufbauten und aus verschiedenen Bereichen durch, welche aus eigener Kraft fahren konnten. Am häufigsten anzutreffen sind Selbstfahrer in den Bereichen Pflanzenschutz und Gülletechnik, viele Fahrzeuge können auch den Aufbau wechseln. Gemeinsames Kennzeichen aller Maschinen sind die gleichgroßen Räder. Je nach Betrieb und Fläche lohnt die Anschaffung einer solchen Maschine, die trotz hoher Kosten eine höhere Arbeitsleistung hat als ein klassisches Schleppergespann. Natürlich ist ein Standard-Schlepper vielseitiger, denn Selbstfahrer können (meist) nur jene Aufgaben richtig gut erfüllen, für die sie entwickelt wurden. Doch auf ihrem Gebiet sind sie unschlagbar effektiv und wirtschaftlich.

(© AMAZONEN-Werke)

Die Selbstfahrer bringen serienmäßig eine stufenlose Spurweitenverstellung mit. Das erhöht die Einsatzmöglichkeiten. (© AMAZONEN-Werke)

Die Bodenfreiheit liegt bei 1,20 Meter. Die Varianten mit dem Zusatz »H« und »HW« haben sogar 1,70 Meter Bauchfreiheit. (© AMAZONEN-Werke)

Ihre selbstfahrende Feldspritze Pantera bieten die Amazonen-Werke mit einem Behältervolumen von 4500 Litern und Spritzgestänge-Arbeitsbreiten von 21 bis 42 Metern an. (© AMAZONEN-Werke, Hasbergen)

Die Amazonen-Werke nutzen, wie andere Maschinenhersteller auch, die Kabine des Claas Xerion für ihre Selbstfahrer. (© AMAZONEN-Werke)

Die Feldspritze hat einen stufenlosen hydrostatischen Einzelradantrieb und eine Spitze von 50 km/h. Die Arbeitsgeschwindigkeit liegt bei bis zu 30 km/h. (© AMAZONEN-Werke)

SELBSTFAHRER

Eine Sonderstellung innerhalb der Selbstfahrer nehmen die Futtermischwagen ein. Aufbauten und Fahrgestelle sind ausschließlich zur Aufnahme und Verteilung des Futters in den Stallungen gedacht. Anders als etwa selbstfahrende Pflanzenschutzspritzen müssen sie keine langen Wege zwischen Feldern und Höfen zurücklegen, sondern werden innerbetrieblich eingesetzt. Viele namenhafte Hersteller von Landmaschinen haben mittlerweile zu Abrundung ihres Programmes Selbstfahrer für Pflanzenschutz, Futterausbringung und Gülleausbringung im Angebot. Denn es gibt tatsächlich gute Gründe für eine solche Anschaffung. Befürworter dieser Lösungen verweisen auf die hohe Bodenfreiheit, die hohe Standsicherheit, das höhere Volumen, das mitgeführt werden kann (= weniger Arbeitsgänge), die bessere Wendigkeit, die bessere Übersichtlichkeit, geringere Durchfahrschäden und die Bodenschonung am Gewende. Positiv ist überdies die Anpassung der Spurbreiten sowie die höhere Bodenfreiheit. Andererseits kostet ein Selbstfahrer leicht das Dreifache einer anzuhängenden Maschine, und wenn am Fahrzeug etwas kaputt ist, fallen im Grunde genommen gleich zwei Arbeitsmaschinen aus. Außerdem verfügen nur wenige Tracs über Schnellverschlüsse zum Aufbauwechsel.

AMAZONE

2010 präsentierten die Amazonen-Werke ihre erste selbstfahrende Pflanzenschutzspritze. Sie erhielt den Namen »Pantera« und weckte so Assoziationen zu einem Panther, denn ähnlich sanftpfötig soll auch die Feldspritze durch die Maiskulturen schleichen. Tatsächlich benötigt Mais einen besonderen Schutz, denn die Zünsler, Kolbenbohrer und wie die Schädlinge alle heißen, verrichten ihr zerstörerisches Tun erst, wenn die Pflanzen schon eine gewisse Größe erreicht haben. Daher sind große Räder und eine hohe Bodenfreiheit für solche Geräte ein Muss und sorgen für das typische insektenhafte Aussehen solche Geräte; Standard ist eine Bodenfreiheit von 1,20 m, seit der Neuauflage 2014 ist mit der Pantera 4502-H auch eine Version mit hydraulisch höhenverstellbarem Fahrwerk – Bodenfreiheit dann 1,70 m – erhältlich bei einer Spurbreite von 2,25 m auch 1,70 m Bodenfreiheit.

Während der Motor bei Deutz zugekauft wird und die Kabine bei Claas, handelt es sich beim Tandemfahrwerk um eine Eigenkonstruktion, das zentral in der Chassismitte pendelnd gelagert ist. Der Radstand liegt bei 3,20 m, der Wendekreis bei 6,30 m. Die Allradlenkung ist ebenso selbstverständlich wie die Möglichkeit, Reifen unterschiedlicher Durchmesser bis hin zu 1,95 m Höhe und 71 cm Auflagefläche zu montieren. Dazu kommt eine variable Spurweitenverstellung, die je nach Konfiguration und Fahrgasse bis zu 3,0 m Breite erreichen kann. Der Tank mit mittlerweile 4500 l Volumen (plus 500 Liter Wasser) ist gewichtsgünstig mittig platziert; die Gestänge decken Arbeitsbreiten von 21 bis 40 m ab.

Die selbstfahrende Pflanzenschutzspritze ist das Flaggschiff des Ackerbau-Programms, daneben hat Amazone mit dem Profihopper noch eine Maschine für die professionelle Grünflächenpflege im Angebot. Die ist aber eher für Kommunen und Gartenbauer interessant, weniger für landwirtschaftliche Betriebe.

SELBSTFAHRER

CLAAS XERION

Die Großtraktoren-Baureihe war 1996 erschienen, stetig weiterentwickelt und verbessert worden, ohne dass aber im Prinzip sich etwas änderte. Vier gleichgroße Räder, Raddurchmesser von über zwei Metern Höhe, Allradantrieb und -lenkung, hohe Bodenfreiheit und eine drehbare Kabine blieben das Markenzeichen des Claas-Flaggschiffes auch in der Neuauflage. Und mehr noch als zuvor hatten die Harsewinkler den Xerion nicht als Allroundschlepper mit Zusatznutzen, sondern als Systemtraktor für Spezialaufgaben ausgelegt, für die Bodenbearbeitung ebenso wie auf dem Fahrsilo uoder die Energieholzgewinnung.

Große Vielfalt

Der Xerion kam von Anfang an aufgrund seiner Abmessungen und Kosten eigentlich nur für große Lohnunternehmen infrage. Daher hat Claas ihn schon bei der Konzeption auf ein möglichst vielseitiges Einsatzspektrum ausgelegt und in Broschüren diverse Nutzer Loblieder auf ihre Xerion anstimmen lassen. Jenseits aller Werbeprosa: Der Xerion bewährte sich tatsächlich so gut wie versprochen; die Bediener in diversen Foren schwärmten geradezu von ihrem Claas: Arbeiten am Hang mit Vierrad- und Hundeganglenkung – tadellos; Zugleistung – überragend; Servicequalität und Zuverlässigkeit – hervorragend; Sicht auf die drei Anbauräume – gut; Zapfwellenleistung – mehr als ausreichend: Viel Verbesserungspotenzial schienen die Harsewinkler Konstrukteure nicht zu haben. Und dennoch gelang es ihnen, beim Systemtraktor des Jahres 2013 noch einmal ein Schäufelchen zuzulegen.

Drei Varianten, viele Möglichkeiten

Den neuen Xerion gab es in den Varianten TRAC (Kabine mittig fest), TRAC VC (Kabine drehbar) und SADDLE TRAC (Kabine vorne fest) für unterschiedliche An- und Aufbauten, das Leistungsspektrum reichte von 435 bis 530 PS. Die Sechszylinder-Motoren stammten von Mercedes, die beiden stufenlosen Getriebe – mit oder ohne Zapfwellenkupplung, Nebenabtrieb für eine Leistungshydraulik als Extra – lieferte ZF zu. Zu den weiteren technischen Verbesserungen gehörten die jetzt verschraubten und nicht mehr verschweißten Rahmenquerträger. Dies erhöhte die Belastbarkeit des Rahmens beim Einsatz mit schweren Anbaugeräten, zu denen jetzt auch durchaus der Straßenbau zählen durfte – weshalb sich das Werk 2016 zum ersten Mal überhaupt bei der Bauma vorstellte. Dort zeigte Claas einen XERION 4000 TRAC VC mit drehbarer Kabine und Steinbrecher wie auch mit Seppi-Forstfräse, denn tatsächlich vermag der Claas, wiewohl kein klassischer Schlepper, auch in der Forstwirtschaft zu glänzen.

Auch für Forstarbeiten geeignet

Die drehbare Kabine ist im Wald ein Vorteil und ein wichtiges Argument für die Anschaffung eines Xerion, und dank der Hundeganglenkung lässt sich selbst mit tonnenschwerer Anbaufräse problemlos am Hang arbeiten. Beim Einsatz zur Holzschnitzelgewinnung überzeugt der Claas durch die hohe Zapfwellenleistung, denn je mehr Kraft dort anliegt, desto schneller und müheloser erzeugt der Hacker Kleinholz.

Ein Xerion von 1993. Das Trac-Konzept mit seinen Geräte-Anbauräumen vor, auf und hinter dem Traktor hat sich kaum geändert. (© CLAAS KGaA mbH)

Claas kombiniert Motoren von Mercedes-Benz mit dem stufenlosen CMATIC Getriebe von ZF. Damit sind Geschwindigkeiten von 0,05 und 50 km/h möglich. (© CLAAS KGaA mbH)

Dieser Xerion 3800 zieht ein Zweiachs-Güllefass (16.000-18.000 l) des dänischen Herstellers Samson Agro. Die Ausbringung erfolgt über ein Schleppschlauchgestänge, Breite 12-18 m. (© CLAAS KGaA mbH))

Der Xerion hat ein Auflieger-Güllefass des niederländischen Herstellers Kaweco aufgesattelt. Das Volumen liegt bei 30.000 l. Zur Einarbeitung ist eine Scheibenegge angebaut. (© CLAAS KGaA mbH)

Ganz nach Belieben: der Xerion ist mit Rädern, Zwillingsbereifung oder Raupen zu konfigurieren. Und ist natürlich auch, mit Schmidt-Schneefräse, für Kommunen im Winterdienst einsetzbar. (© CLAAS KGaA mbH)

Saddle Trac: Bei dieser Xerion-Variante (hier mit Forstmulcher) ist die Kabine fest über der Vorderachse positioniert. Dadurch ist viel Platz für verschiedenste Aufbauten hinter der Kabine. In dieser Ausführung wird er zum Beispiel von Zunhammer mit einem Aufbaufass und Verteiltechnik versehen. So wird er zum leistungsstarken Gülleselbstfahrer. (© CLAAS KGaA mbH)

Die ersten selbstfahrenden Pflanzenschutzspritzen besaßen MB-trac-Optik, später kamen Kurzhauber mit Unimog-Genen. 2002 folgte die nächste Generation mit neuer Kabine (r.). (© DAMMANN)

Den Dreiachs-Düngerstreuer DT 3500 H mit GDK-Aufbau von Güstrower führt Dammann inzwischen nicht mehr im Programm. Man hat sich ganz auf Pflanzenschutztechnik konzentriert. (© DAMMANN)

Den DT 2000 H bot Dammann ab 2007 mit stufenlos höhenverstellbarem Fahrwerk (1150-2000 mm) an, Verkaufsbezeichnung »Highlander«. (© DAMMANN)

Seine Selbstfahrer mit hydrostatischem Fahrantrieb verkauft Dammann aktuell in den Ausführungen DT 2400H S5, DT 2800 S5 sowie DT 3500 H. Die Unterschiede betreffen in erster Linie Nutzlast, Fahrwerk und Bodenfreiheit. Die hier zu sehende Maschine mit Delta-Raupenfahrwerk und 110 cm Bodenfreiheit von 2021 verfügt über ein 7000-l-Fass und kommt auf ein Gesamtgewicht von 18 t. (© HERBERT DAMMANN GmbH)

SELBSTFAHRER

DAMMANN-TRAC

Die Geschichte der Firma Dammann begann, wie bei so vielen Firmen, aus dem Wunsch heraus, Bestehendes zu verbessern. Und, wie bei so vielen Herstellern, wurde daraus ein außerordentlich erfolgreiches Unternehmen. Herbert Dammann war Landwirt und hatte sich – die sporadischen Krisen in der Landwirtschaft hatten ihre Spuren hinterlassen – dann als Lohnunternehmer selbstständig gemacht. Nachdem die zunehmende Industrialisierung viele Bauern aufgeben ließ und Arbeit in den Fabriken suchen, wurden viele der kleinen Flurstückchen, die sich wie ein bunter Flickenteppich über die Landschaft verstreut hatten, zu größeren Schlägen zusammengelegt, und um diese wirtschaftlich bestellen zu können, mussten neue Maschinen her. Da es die oft noch nicht gab, bauten Lohnunternehmer diese oft selber. Auch Herbert Dammann entwickelte und baute 1968 für den Eigengebrauch eine Pflanzenschutzspritze mit 15 Metern Arbeitsbreite und hydraulisch selbstausklappbarem Gestänge. Diese funktionierte hervorragend, weitere Entwicklungen folgten, bis er schließlich am 15. März 1979 im niedersächsischen Buxtehude-Hedendorf unweit von Hamburg eine Maschinenbaufirma aus der Taufe hob. Von Anfang an spezialisierte er sich auf die hochpräzise Ausbringung von Pflanzenschutzmitteln auf landwirtschaftlichen Flächenkulturen. Diese Pflanzenschutzgeräte werden durch Schlepper gezogen, als Aufbauspritzen auf Geräteträger montiert oder sind selbstfahrende Maschinen.

Selbstfahrer mit Unimog-Technik

Seit Firmengründung arbeitet Dammann mit Mercedes-Benz zusammen. Als 1982 die Arbeiten an der ersten selbstfahrenden Pflanzenschutzspritze, dem Dammann-trac, begannen, bildete der Unimog-Ableger MB-trac die Basis. Dieser erhielt eigens dafür eine geschraubte Rahmenverlängerung. Um Platz für die Aufbauspritze zu schaffen, wurde die Kabine mit der Schaltung nach vorn auf die Rahmenverlängerung umgesetzt; Unimog-Technik spielte auch bei den späteren Entwicklungen eine große Rolle, tatsächlich entstanden folgende trac-Generationen in enger Abstimmung mit dem Lkw-Hersteller.

Auch mit Raupenlaufwerk zu haben

Dammanns Pflanzenschutzspritzen fahren sowohl auf Rädern als auch Kettenlaufwerken; Flaggschiff ist aber die zwei- oder dreiachsige DTH-Serie. Dabei handelt es sich um Selbstfahrer mit bis zu 12.000 Liter großen Fässern. Ausgerüstet sind sie mit einem 6-Zylinder-Diesel von MTU mit 285 beziehungsweise 313 PS. Für hochwachsende Kulturen wie beispielsweise Mais oder in hügligem Terrain gibt es Varianten wie den DT2400H »Highlander«, dessen Bodenfreiheit durch Ausheben des Chassis problemlos zu erhöhen ist. Dabei ist es auch möglich, dass er sich am Hang für Querfahrten waagerecht ausgleichen kann. Je nach Modell und Ausstattung kann die Spurbreite der jeweiligen Frucht auf dem Feld angepasst werden. Die DTHs – je nach Ausführung mit Gestängebreiten von 36 bis 42 Metern – können statt mit einer Aufbauspritze auch als Geräteträger für andere Aufbauten verwendet werden; seit 2021 sind sie auch mit Raupenlaufwerk lieferbar.

SELBSTFAHRER

FENDT ROGATOR

AGCO-Tochter Fendt stieg erst spät in das Geschäft mit den Pflanzenschutz-Spritzen ein und übernahm zunächst die gezogenen Spritzen der niederländischen Konzernschwester AgChem in Grubbenvorst, die ursprünglich unter dem Namen »Challenger« in den USA entwickelt und gebaut wurden. Im typischen Fendt-Grün entstanden sie dann – Verkaufsbezeichnung der Anhängespritze »Rogator 300«, Fassgrößen 4400, 5500 und 6600 Liter – im Fendt-Werk Hohenmölsen in Sachsen-Anhalt, wo auch die Katana-Häcksler aus der Halle rollen. Im Rahmen der Konzernneuausrichtung – Stichwort »Farmer First« – wurde aber die Produktion des Fendt Rogator 300 im zweiten Quartal 2022 eingestellt, um sich nun ganz auf die selbstfahrenden Rogator-Maschinen zu konzentrieren. Die Kombination aus Rogator-Spritze (laut Hersteller »ein Synonym für exakte Gestängeführung, einfaches Handling und optimale, zuverlässige Applikation«) und Selbstfahrer-Technik wurde unter der Bezeichnung »Rogator 600« zur Agritechnica 2017 erstmals präsentiert. Wie bei den gezogenen Spritzen auch, handelt sich dabei um Entwicklungen der amerikanischen AGCO-Tochter Challenger, die dann in Grubbenvorst für den europäische Markt weiterentwickelt und in Hohenmölsen gebaut werden. Daher entspricht der Selbstfahrer im Prinzip den seit über zwei Jahrzehnten in den USA verkauften gelben Pflanzenschutzspritzen: AGCO-Sechszylinder mit 235 bis 307 PS, stufenloses CVT-Getriebe, Luftfederung, in der Höhe und Breite verstellbares Fahrwerk, gleich große Räder und Allradlenkung.

HIRL

Die in den Siebzigern stets wachsenden Betriebsgrößen und Tierbestände erforderten neue Lösungen in der Fütterungstechnik und für die Rinderhaltung. Das führte zu einem wachsenden Angebot an Futtermischwagen, und trotz der inzwischen nahezu unüberschaubaren Anzahl an Wagen handelt es sich dennoch um Nischenprodukte. Die Anzahl der deutschen Anbieter lässt sich an den Fingern einer Hand abzählen, die Firma Hirl Misch- und Anlagentechnik e.K. in Falkenberg gehört dazu. Und obwohl dieses Unternehmen streng genommen erst

Das Rogator-Konzept ist vor über 25 Jahren bei Fendt-Mutterkonzern AGCO entwickelt worden. In der Fendt-Hausfarbe »Nature Green« aus deutscher Produktion gibt es die Selbstfahrer aber erst seit 2018. ((© AGCO / Fendt)

Im eingeklappten Zustand ruht das Aluminium-Gestänge (24-36 m) in seitlichen Aussparungen am Brühebehälter. Die Fahrzeugbreite liegt dann bei straßentauglichen 2,55 m. (© MarcelX42, cc-by-sa 4.0)

Um auch in höheren Pflanzenbeständen ohne Beschädigung der Pflanzen zu fahren, gibt es den Rogator mit einem höhenverstellbaren Fahrwerk. Damit wächst die Bodenfreiheit um 45 auf 120 cm. Sinnvoll ist die Option für die Behandlung höherer Bestände. (© AGCO / Fendt)

Auf der Agritechnica 2019 stand das Topmodell Rogator 665 mit 307 PS, automatischer Düsensteuerung und der neuen Gestängehöhenführung, die schneller und exakter Gestängelage und Bodenanpassung regulierte. Das verbesserte die Exaktheit der Applikation. (© AGCO / Fendt)

Fendts 600er-Rogator-Serie umfasst aktuell die Modelle Rogator 645, 655 und 665. Die Motorleistung reicht von 235 bis 307 PS. Die Fassgrößen liegen zwischen 3850 und 6000 Liter plus 500 Liter Frischwasser zur Tankreinigung. Der größere Rogator 900 wird hierzulande nicht verkauft. (© AGCO / Fendt)

Beste Sicht auf den Arbeitsbereich und eine exakte Mengenkontrolle zeichnen Futtermischwagen (hier ein 1300 VL) mit Frontfräse aus. (© Hirl)

Mit der nach oben laufenden Heckfräse können bis zu 2 t Silage in der Minute eingefräst werden. Die Entnahmetiefe liegt bei 45 cm, die Entnahmehöhe kann bis zu 550 cm betragen. (© Hirl)

Hirl fertigt selbstfahrende Mischwagen mit Behältergrößen von 9 bis 18 m³ und drei verschiedenen Bauarten an, wobei die Motor-Einbaulage den Unterschied ausmacht: Entweder befindet sich dieser quer zur Fahrtrichtung hinter der Kabine (und damit vor dem Mischbehälter) oder, bei Maschinen mit Frontfräse, im Heck. Bei diesem Fahrzeug sitzt der Motor quer hinter der Kabine, diese ist lift- und der Mischbehälter absenkbar, was Übersicht und Befüllung gleichermaßen erleichtert. Einen vor der Kabine liegenden Motor gibt es nur noch beim Einstiegsmodell »Horizontal Pro Eco«. (© Hirl Misch- und Anlagentechnik)

Hirl SF 1100 Horizontal ProF: Hydrostat, Allradantrieb und -lenkung sind bei dieser über 10 m langen, aber lediglich 2,55 m hohen und 2,40 m breiten Maschine Standard. (© Hirl)

seit 2020 besteht, existiert der Familienbetrieb schon seit über 400 Jahren. Jahrhunderte nachdem der erste Hirl 1618 sich als Bauer niedergelassen hatte, zog ein Nachkomme, Alois Hirl, über die Alpen, um in Italien einen Futtermischwagen für seinen Hof zu kaufen. Das war 1980, dieser Moment markiert die Geburtsstunde der Hirl-Landtechnik GmbH, denn Alois begann nun, diese Wagen auch in Deutschland zu vertreiben, nicht ohne diese an der einen oder anderen Stelle zu verbessern und an die deutschen Verhältnisse anzupassen. Und schon in diesen ersten Jahren versah er die italienischen Mischer mit Motoren. Selbstfahrer blieben aber die Ausnahme, Hirl konzentrierte sich auf den Vertrieb der modifizierten Futtermischwagen und erweiterte die Produktpalette um Silos und weitere Fütterungstechnik.

Spezialisten für Fütterungstechnik

Wiederum vier Jahrzehnte später erweiterte die nächste Hirl-Generation, die drei Brüder Alois, Tobias und Christoph, mit eigenen Futtermischwagen das Produktprogramm des Landmaschinenhändlers. Die ersten Wagen wurden 2011 ausgeliefert, und Hirl begann auf dieser Basis mit der der Konstruktion von selbstfahrenden Mischwagen, der »Titan SF«. Die ersten dieser Selbstfahrer fassten 11 bzw. 13 Kubikmeter Futter und wiesen alle üblichen Features dieser Fahrzeuggattung auf: Spezielle Rotoren für besonders glatte Anschnittflächen, anpassbare Räumschilde, Leitbleche zur Verminderung von Futterverlusten, Mischschnecken im den Behältern zum Futtermix, Seitenaustrag und dergleichen mehr. Die maximale Entnahmehöhe lag bei fünf Metern. Die Motortechnik stammte von Iveco, der Sechszylinder leistete 175 PS; das Fahrwerk war gefedert. Der Clou des Hirl bestand aber in der voll dreh- und liftbaren Kabine, was dem Fahrer die Arbeit am Futterstock wie auch bei der Ausfütterung im Stall erleichterte. Die zweite Selbstfahrer-Generation von 2016 umfasste dann gleich vier Selbstfahrer, die sich durch Behältergröße und Mischer – horizontal oder vertikal – unterschieden. Flaggschiff war der SF Horizontal S mit Heckfräse und Hubkabine. Inzwischen umfasst die Reihe sechs Maschinen mit Volumen von 11 bis 18 m^3, wahlweise aus V2A-Edelstahl gefertigt, Wiegesystem und mit einer Straßenzulassung bis 40 km/h.

Seit 2020 getrennt

Nachdem auch das Geschäft mit der Silo- und Fördertechnik immer weiter zunahm, wurde die Firma 2020 dann in zwei Betriebsteile gegliedert: Die Hirl Misch- und Anlagentechnik e.K. baut am alten Firmenstandort Mertsee weiterhin Mischwagen mit und ohne Antrieb, während sich an einem zweiten Standort die Hirl Silo & Service um den Rest kümmert.

HOLMER TERRA VARIANT

Zucker war über Jahrhunderte ein Luxusgut. Um 1750 suchte man nach Alternativen zu den teuren Importen und fand schließlich eine Futterrübe mit hohem Zuckergehalt. Diverse Einkreuzungen und Züchtungen später begann dann etwa 100 Jahre später der großflächige Anbau in ganz Europa. Die Ernte aber war eine mühsame und schmutzige Angelegenheit, die erst in der zweiten Hälfte des 20. Jahrhunderts leichter wurde – dank Pionieren wie dem Dorfschmied Alfons Holmer im niederbayrischen Eggmühl. Dieser hatte 1969 die elterliche Schmiede übernommen, handelte mit Landmaschinen und Traktoren, und wenn sie mal kaputt gingen, reparierte er sie selbstverständlich auch. Wenn sie wieder vom Hof rollten, waren sie zudem oft leistungsfähiger als zuvor, denn mitunter beseitigte Holmer dabei gleich auch konstruktive Schwachstellen oder brachte Verbesserungen an. Nachdem er also weit mehr als Traktoren reparieren und verkaufen konnte, sondern auch einige pfiffige Erntelösungen entwickelt und realisiert hatte, wurden Zuckerrüben-Anbauer und -Produzenten auf ihn aufmerksam und beauftragten ihn, eine Maschine zu entwerfen, um die Rübenernte schneller und effektiver zu gestalten. 1974 hatte Holmer den ersten sechsreihigen »Köpfrodebunker selbstfahrend« (KRBS) fertig und verfeinerte diese Erntefahrzeuge immer weiter, bis seine selbstfahrenden Rübenroder die Standards bei der Zuckerrübenernte setzten.

Dieser Holmer Terra Variant 585 von 2018 trägt einen Streuaufbau von Annaburger. In die Mulde passen 17,4 m³ Kompost, Festmist, Gärreste oder Carbokalk. (© HOLMER Maschinenbau GmbH)

Holmer setzt die Standards

Voraussetzung für eine selbstfahrende Arbeitsmaschine ist ein brauchbares Fahrgestell, und das war Holmer und seinem Team auf Anhieb gelungen. Daher lag der Schritt zu einer eigenen Traktor-Konstruktion nahe. Dieser erfolgte 1983, und auch wenn der TS 210 nur in Einzelstücken entstand, halfen die gewonnenen Erfahrungen doch bei der Entwicklung der Mehrzweck-Geräteträger nach 1989. Das erste Fahrzeug zur Gülleausbringung entstand 1994. Die Gülletechnik stammte von Zunhammer, das Fahrgestell vom Zuckerrüben-Vollernter.

Im Jahr 1996 wurde die verbesserte zweite Generation vorgestellt; die Rübenroder erhielten die Verkaufsbezeichnung »Terra Dos«, die Systemschlepper hießen »Terra Variant«. Die Technik war identisch, hier wie dort handelte es sich um Knicklenkerfahrzeuge mit Allradlenkung und 460 bis 480 PS starken MAN-Sechszylindern. Auch nachdem Alfons Holmer, um die Nachfolge zu regeln, seine Firma 2004 an eine Investmentgesellschaft verkauft hat, änderte sich an den Qualitäten seiner Maschinen nichts, und auch der Markenname wurde beibehalten. Die in ihren Grundzügen seit 2013 gebaute dritte Selbstfahrer-Familie wird heute – Stand 2022 – in drei Ausführungen angeboten: Der Variant 435 mit hydrostatischem Fahrantrieb mit Einzelachsantrieben, der ein stufenloses Fahren von 0-40 km/h ermöglicht, wiegt mit 16 m³ Gülletechnik von Zunhammer lediglich 16,7 t und darf daher als ausgesprochenes Leichtgewicht gelten. Der größere Terra Variant 585 – mit einer Läge von 16,16 m 49 cm länger als der 435er – ist mit zwei Bunker-Ausführungen von 25 bis 40 m³ lieferbar, während der Variant 650 das Flaggschiff der Modellreihe darstellt. Für Vortrieb sorgen Mercedes-Motoren.

HORSCH-LEEB

Die Geschichte von Horsch ist zu allererst die Geschichte einer vielköpfigen, alteingesessenen Bauernfamilie, die zunächst für den Eigenbedarf eigene Ackerbau-Lösungen austüftelte und damit einen solchen Erfolg hatte, dass der Schritt zur eigenen Firma die logische

Holmer ist Pionier in der Herstellung von selbstfahrenden Rübenreinigungsladern. Ein solcher Terra Dos T4-30 mit HR12 belädt gerade einen Terra Variant 600 eco in der bis 2017 gebauten Ausführung. (© HOLMER)

Der Terra Variant 585 mit Mercedes-Diesel OM 473 LA (585 PS/430 kW) war bis zur Präsentation des Variant 650 im August 2021 der weltweit stärkste Geräteträger. Hier ist ein Rübenbunker aufgebaut. (© HOLMER)

Der Terra Variant 435 von 2017 verfügt über einen neuartigen hydrostatischen Fahrantrieb mit Einzelachsantrieb. Damit ist ein stufenloses Fahren von 0-40 km/h möglich. Selbst mit der Zunhammer-Gülletechnik und 16.000-l-Fass wiegt der Holmer nicht mehr als 16,7 t, was den Holmer zu einem der leichtesten Gülletracs macht. Zwei gelenkte Achsen machen den Giganten sehr wendig, der Wendekreis liegt bei 6,80 m. Der Holmer dockt hier an einen Eckart-Zubringer zur Befüllung an. (© HOLMER Maschinenbau GmbH)

Selbstfahrer entstanden auf Basis bestehender Konstruktion. So kombinierte der AT 200 JCB-Technik mit einer 15-t-Hinterachse von Raba; der AT 300 von 1998 war ein Fendt Vario 926. (© HORSCH Maschinen GmbH)

Früher Horsch-Selbstfahrer mit Pfanzenschutzaufbau. Der Erfolg war bescheiden. Erst seit der Agritecnica 2013 und dem dort vorgestellten Horsch-Leeb PT 330 mit Gestängeführung (BoomControl) ist Pfanzenschutzgerät wieder fester Programmteil. (© HORSCH Maschinen GmbH)

Das Selbstfahrerprogramm von Horsch-Leeb – hier in neuester Generation von 2020 – umfasst drei verschiedene Varianten mit bis zu 83000-l-Brühetank und 42-m-Gestänge. Die Spurweite ist zwischen 2,0 bis 2,25 m dem Bestand anpassbar. (© HORSCH Maschinen GmbH)

Der fast serienreife Horsch-Roboter als autonom fahrende Landmaschine hat 350 PS und schafft 20 km/h. (© HORSCH Maschinen GmbH)

Folge bildete. Der erfolgte 1984 durch Michael und Walter Horsch, ein Onkel-Neffe-Gespann, zu dem sich bald weitere Familienmitglieder gesellten – nicht etwa aus Langeweile oder weil sie die Nase von der Landwirtschaft voll hatten, sondern eher im Gegenteil: Die Liebe zum Land und die Freude am gemeinsamen Tun sorgen bis heute für einen festen Zusammenhalt innerhalb der Familie, was bei erfolgreichen inhabergeführten Betrieben nun nicht gerade selbstverständlich ist. Dankwart Horsch, Vater von fünf Söhnen und einer Tochter, pachtete 1969 ein Landgut im bayerischen Schwandorf und war dort als Schweinezüchter, Ackerbauer und als Erzeuger von Industriealkohol tätig. Seine fünf Söhne waren allesamt gleichermaßen interessiert an Landwirtschaft und Landtechnik; Michael, der älteste Horsch-Spross, ging aber zunächst eigene Wege und arbeitet Anfang der Achtziger in den USA – inspirierende Jahre, denn zurück in Good Old Germany entwickelte er – für einen Onkel – eine erste Landmaschine, eine Folienmaissämaschine, die besser war als alles, was der Markt bisher so anzubieten hatte. Damit hatte er seinen Ruf als Tüftler und schlauer Kopf weg, weitere Familienmitglieder und Bauernhofbetreiber hatten weitere Probleme, die es zu lösen galt. Der Rest ist, mal wieder, Geschichte. Die nächste Entwicklung – eine Maschine zum Säen unter Stroh, also eine Direktsaatmaschine, – bildete dann den Startpunkt für die Gründung der HORSCH Maschinen GmbH. Einige weitere Entwicklungen später folgte der Schritt ins Ausland, ein stetiges Firmenwachstum, der Aufbau eines weiteren Standorts in Ostdeutschland und der Eintritt weiterer Familienmitglieder mit klar abgegrenzten Verantwortungsbereichen.

Kooperation mit Leeb

Erste Pflanzenschutz-Selbstfahrer (»Terra Trac«, nach US-Vorbild) erschienen Mitte der Neunziger, wurden aber zehn Jahre später wieder eingestellt, weil Horsch sich zunehmend auf die Bereiche Bodenbearbeitung und Sätechnik spezialisierte. Zu der Zeit kam es auch zu einer Zusammenarbeit mit dem russischen Traktorgiganten Kirowetz, ohne dass daraus eine große Traktorfamilie entstanden wäre. Auch vom Bereich Pflanzenschutztechnik verabschiedeten sich die Schwangauer, zumal man inzwischen eine enge Zusammenarbeit mit der »Leeb Mechanik GmbH« pflegte. Dahinter verbarg sich das Ingenieurbüro des niederbayerischen Landhändlers Theo Leeb. Gemeinsam entwickelten sie Ende der Neunziger den Prototyp einer selbstfahrenden Pflanzenschutzspritze, weil Horsch aber diesen Bereich vorläufig nicht anbot, bediente Leeb den Bereich Pflanzenschutztechnik unter eigenem Namen, konnte dabei aber auf das Horsch-Vetriebsnetz zurückgreifen. Im Jahr 2011 führten die Familien Leeb und Horsch ihre Aktivitäten im Bereich Pflanzenschutz zusammen und gründeten die HORSCH LEEB Application Systems GmbH. Seit diesem Zeitpunkt sind die Pflanzenschutzspritzen wieder ein fester Bestandteil des Produktangebots.

SELBSTFAHRER

LEMKEN BRILLANT

Lemken wurde von Dorfschmied Wilhelmus Lemken im Jahre 1780 gegründet. Es dauerte fast ein viertel Jahrhundert, bis schließlich ein erster Pflug entstand, und noch einmal 120 Jahre mehr, bis ein erstes Pflugpatent erteilt wurde. Erst 1980 kam der neue Opal-Pflug mit Schnellwechselsystem Optiquick, der den ganz großen Durchbruch brachte. Längst schon sind die blauen Lemken-Pflüge ein gewohnter Anblick auf den deutschen Feldern, und die Rheinländer erweiterten ihr Produktprogramm um alle Arten von Geräten zur Bodenbearbeitung. 2003 stellte der Familienbetrieb einen ersten Selbstfahrer (Basis Terragator) vor. Der hieß, der Tradition folgend, neue Entwicklungen nach Edelsteinen zu benennen, dann »Brillant«. Die selbstfahrende Drillmaschine war allerdings kein Erfolg und kurz nach der Premiere schon wieder Geschichte. Zusammen mit Bräutigam wurde auf der Agritechnica 2019 dann die selbstfahrende Pflanzenschutzspritze Nova vorgestellt, Lemken wollte Komplerttanbieter im Bereich professioneller Pflanzenbau werden. Dazu gehörten nicht nur Bodenbearbeitung und Aussaat, sondern auch Pfanzenschutz und Düngung. Doch im Juni 2020 gab das Unternehmen bekannt, alle seine Aktivitäten in diesem Produktbereich zu beenden. Das bedeutete auch das Ende für den Selbstfahrer, die Produktion seiner Pflanzenschutztechnik stellte Lemken bis Ende 2021 dann komplett ein. Stammsitz des Unternehmens ist Alpen bei Düsseldorf. Rund 1000 Mitarbeiter produzieren über 15.000 Geräte pro Jahr, exportiert wird in 44 Länder.

Lemken hat 2003 einen ersten Selbstfahrer vorgestellt. Der »Brillant« war eine tolle Konstruktion, aber für die meisten Betriebe zu teuer. Marktbedeutung erlangte er nicht. (© LEMKEN GmbH & Co. KG)

SILOKING

Im Winter frisst eine Kuh zwischen 15 und 20 kg Futter, da reicht so ein eckiger Standardballen geradermal vier Tage. Um auch nur ein Kuh durch den Winter zu bringen muss man also ganz schön schuften. Ein normaler Betrieb hat aber das Rindvieh gleich dutzendfach im Stall stehen, und ohne ausreichende Hilfe ist man den ganzen Tag damit beschäftigt, Ballen zu schleppen, mit der Forke Heu und Stroh zu verteilen und mit der Schubkarre ständig umher zu flitzen. Und dann hat das Tier noch kein Häppchen Silage gekäut und nichts vom Kraftfutter genascht …

Kein Wunder also, dass sich selbstfahrende Futtermischwagen und automatische Fütterungsanlagen durchgesetzt haben. Dass dem so ist, liegt auch mit an Agraringenieur Georg Mayer, der Anfang der Achtziger an der Hochschule in Landshut sein Diplom erlangte und dann, zurück auf dem heimischen Hof, die Nase voll hatte von der ewigen Plackerei. Also machte er sich dran, Fütterungstechnik zu entwickeln. Das klappt zunächst weniger gut, auch der Vertrieb der französischen Siloblockschneider klappte nicht so richtig. Besser als bei der Silotechnik lief es beim Vertrieb von Holzspaltern, von Kälberiglus und Kuhwaschstationen.

Die Siloking-Erfolgsgeschichte begann im Jahr 2004 auf der EuroTier in Hannover, als der ersten Selbstfahrer mit 3-Punkt-Fahrwerk gezeigt wurde. Die Maschine konnte laden, mischen, fahren und Futter vorlegen, was einer Sensation gleich kam. (© Siloking)

Mit dem Silokamm kam der Erfolg

Anfang der Neunziger wuchsen nicht nur in den bayerischen Milchkuhbetrieben die Bestände kräftig an, sondern auch der Futterbedarf, um

Der erst 2019 mit der französischen Firma Sulky Burel vorgestellte Selbstfahrer Nova 14 wurde nicht verkauft: Lemken zog sich Ende 2020 komplett aus der Sparte Feldspritzen zurück. (© LEMKEN GmbH & Co. KG)

Die Hauptanforderungen an einen Selbstfahrer lauten: exakte Futteraufnahme bei geringstmöglichen Bröckelverlusten – eine der großen Stärken der SelfLine-Selbstfahrer. (© Siloking)

Silokämme kommen vor allem in kleinen und mittelgroßen Betrieben zum Einsatz. Der Landwirt fährt damit in den Silostock, nachdem er die Behälterwanne hydraulisch abgesenkt hat. Mit Teleskoparm und Schürfleiste wird dann die Silage schichtweise aus dem Futterstock herausgehoben. Müssen vor allem Rundballen aufgelöst und verteilt werden, wird eine Walze mit Fräsmessern gebraucht. (© SILOKING Mayer Maschinenbau GmbH)

2019 vermeldete Siloking die Auslieferung des 2000. Futtermittel-Selbstfahrers. Für das Jubiläumsbild versammelte sich die komplette SelfLine-Baureihe, bestehend aus den Typen Compact, Premium, System 500+ und System 1000+. (© Siloking)

Eine Behälterladung besteht aus sechs Einzelkomponenten, die drei Mal am Tag bedarfsgerecht durchmischt werden, und das erledigen viele Landwirte mit einem BvL-Wagen. (© BvL Group)

Mischwagen werden als Horizontal-, Vertikal- oder Freifallmischer angeboten, als gezogene oder als selbstfahrende Modelle. Außerdem muss zwischen Selbst- und Fremdbefüllern unterschieden werden. Dieser Strautmann Verti-Mix mit Frontfräse gehört zu den Selbstbefüllern. Um ihn zu beladen, ist kein weiteres Fahrzeug erforderlich.
!
(© B.Strautmann & Söhne GmbH u. Co. KG)

Standard in der Fütterungstechnik sind Vertikalmischer mit Wiegeeinrichtung; bei der Frontfräse kommt es auf die Futterschonung an – BvL gibt sich auch in der Beziehung keine Blöße. (© BvL Group)

so mehr, weil viele Betriebe dann auf Ganzjahresstallhaltung umstellten: Immer öfter stand das liebe Vieh den ganzen Tag nur noch im Stall und nicht mehr auf der Weide. Doch Weide oder Stall: Eine Kuh muss gefüttert werden. Nun wurden effiziente Futterentnahmetechniken noch dringender. Meyers Lösungsbeitrag war der »Silokamm«. Er bot Vorteile in Sachen Futtervorlage, denn die unkomplizierte Maschine zur Silage-Entnahme- und -Verteilung erleichterte die Arbeit ungemein. Weitere Lösungen rund um die Fütterungstechnik entstanden, darunter erste Vertikal-Futtermischwagen (denn die moderne Landwirtschaft stellt bestimmte Anforderungen an die Zusammensetzung des Futters und dessen Struktur), Doppelmischer und schließlich, 2004, der erste selbstfahrende Futtermischwagen. Mittlerweile werden von den insgesamt 300 Mitarbeitern des Unternehmens an drei Standorten mit Hauptsitz in Tittmoning jährlich 1100 gezogene Mischwagen, 200 Selbstfahrer, 250 Silokämme und rund 100 stationäre Biogas-Mischer gebaut.

STRAUTMANN

Strautmann (Laer) bietet neben seinen gezogenen Futtermischwagen inzwischen auch Selbstfahrer an. Den Einstieg markiert seit 2014 die Sherpa-Reihe – Faustvorderachse, Pendel-Hinterachse, Cummins-Diesel, inzwischen John Deere-Motoren – mit einer beziehungsweise zwei vertikal angeordneten Mischschnecken und Mischvolumen zwischen 12 und 17 m^3. Auch den Verti-Mix-L des Hauses, den gezogenen vertikalen Futtermischwagen mit niedriger Bauhöhe (daher der Zusatz »L« für »low« in der Bezeichnung) gibt es als Selbstfahrer-Variante Verti-Mix SF. Hier tüftelten die Niedersachsen an einer autonom fahrenden Variante Verti-Q.

VAN LENGERICH

Auch dieses Unternehmen geht auf eine 1860 gegründete Huf- und Wagenschmiede zurück. Bis in die Sechziger hinein baute BvL (steht seit 1883 für Bernard van Lengerich) in Emsbüren dann Häckselmaschinen und Pflüge, auch Dungstreuer, Ladewagen und dergleichen mehr. In jenem Jahrzehnt erweiterte BvL seine Produktpalette, stieg in die Fütterungstechnik ein, entwickelte Rübenerntetechnik – darunter die berühmte Rübenziehmaschine »Rüzima« – und Futtermischwagen (der »Solomix« von 1978 war der weltweit erste vertikale Futtermischwagen). Inzwischen bietet das Familienunternehmen aus dem Emsland – nunmehr in fünfter Generation – auch Selbstfahrer an und gehört mit seinen Mischwagen, Siloblockschneidern und dergleichen mehr zu den ersten Adressen in Deutschland, wenn es um die bedarfsgerechte Fütterung von Tieren, insbesondere Milchvieh, geht. Natürlich hat auch der Futtermischwagen-Spezialist aus Emsbüren Selbstfahrer im Programm. Die Maschinen mit Vier- und Sechszylindermotoren (174 bis 224 PS) von Iveco-Tochter FTP verfügen über einen Frontarm mit Strukturwalze – ein wesentliches Kaufargument für die BvL-Selbstfahrer. Gegenwärtig umfasst das Angebot die beiden Modelle V-Mix Drive Maximus und Gigant. Der Maximus hat als Grundmodell ein Fassungsvermögen von 11 bis 17 m^3, das reicht für die Futterrationen von 76 bis 131 Kühen.

MAN
M AN 500

AGRAR-TRUCKS

Eine noch recht junge Entwicklung innerhalb der Landwirtschaft stellt der Agrar-Truck dar. Nachdem in der Agrarlogistik, also der Transportkette zwischen landwirtschaftlichem Betrieb, Feld und Lagerhaus beziehungsweise weiterverarbeitendem Betrieb immer größere Bedeutung zukommt, reicht in vielen Fällen der klassische Großtraktor nicht mehr aus, weil zu langsam. Da sind Lastwagen mit ihrer hohen Nutzlast, dem niedrigen Kraftstoffverbrauch und höheren Fahrgeschwindigkeiten klar im Vorteil. Daher liegt es nahe, das Optimum beider Fahrzeugkonzepte miteinander zu verbinden. Streng genommen ist diese Idee nicht neu: Schon Ende der 1960er Jahren gab es in der DDR speziell für die Landwirtschaft entwickelte Allrad-Seitenkipper mit Niederdruckbereifung.

(© MAN Truck & Bus SE)

Die Trucks bietet amag in zwei Ausführungen an: als MFT90 high speed (mit einer autobahntauglichen Höchstgeschwindigkeit von 90 km/h) sowie als MFT60 LoF mit 60 km/h als land- und forstwirtschaftliche Zugmaschine für den Führerschein T. (© amag GmbH)

Die amag AG (sie schreibt sich mit kleinem »a«) stellt seit über 50 Jahren Maschinen für den Straßenbau her, und inzwischen auch Agro-tracs mit patentiertem hydrostatischem Fahrantrieb (stufenlos von 0 bis 14 km/h), Heckzapfwelle, Dreipunkt-Heckhydraulik, Kugelkopf- oder Sattelkupplung und dergleichen mehr. (© amag GmbH)

Kennzeichen der LoF-Trucks ist die Agrarbereifung mit 500 beziehungsweise 600 mm (vorne / hinten) breiten Pneus. Amag verwendet ausschließlich MAN-Lkw als Basis, denn in Bell greift man ganz tief in die Technik ein. Das ist eine Spezialisierung sinnvoll. (© amag GmbH)

AGRAR-TRUCKS

Bis weit in die 2010er Jahre hinein war es vergleichsweise unkompliziert, einen Lkw-Zugmaschine als Ackerschlepper zuzulassen. Entscheidend dafür war, neben der Schlüsselnummer für die Zulassung, auch die Sattelplatte. Nach einer entsprechenden gesetzlichen Änderung ist nun zumindest die sogenannte Kugelkupplung Pflicht für die LoF-Zulassung. Daher wird jeder aktuelle Agrar-Laster eine solche vorweisen. Als Umbaubasis wird in der Regel ein Allrad-Fahrgestell für Bau-Kipper gewählt, weil diese Fahrgestelle von Haus aus die notwendigen Rahmenverstärkungen mitbringen. Für die Wahl des Fahrgestells geben deren Größe und die erforderliche Nebenabtriebsleistung für das Mahlwerk, die Mischeinrichtung, die Förderschnecken und Förderbänder den Ausschlag. Zapfwelle und Dreipunkthydraulik gehören, ebenso wie eine Load-Sensing-Hydraulik sowie bodenschonende Agar-Breitbereifung, zum Pflichtprogramm in dieser Fahrzeugklasse; neuerdings sind auch solche Niederdruckreifen mit Reifendruckregelanlage lieferbar.

AMAG

EineordentlicheStraßenoberflächebenötigtselbstverständlicheinenvernünftigen, tragfähigen Untergrund. Dass es den von Natur aus gibt, ist so gut wie ausgeschlossen. Daher steht am Beginn jeglicher Straßenbauarbeiten eine Bodenstabilisierung, etwa durch die Einbringung von Bindemitteln, an. So wird etwa der Feuchtigkeitsgehalt des Bodens so weit verringert, dass diese entsprechend verdichtet werden können. Als Bindemittel kommen Kalk oder Zement zum Einsatz, unterschiedlich in Zusammensetzung und Konsistenz, je nach Bodenstruktur. Sieht man auf einer Baustelle zum Beispiel über und über weiß bestäubte Streulastwagen kann man sicher sein, dass hier Feinweißkalk eingesetzt wurde, den es nur bei hohen Wassergehalten braucht. Für alle Böden und alle Verarbeitungsstufen gibt es passendes Gerät, und als der landwirtschaftliche Lohnunternehmer in Bell in der Eifel 1957 den Straßenbau als zweites Standbein entdeckte, besaß er schon reichlich Erfahrungen mit Wassersprengwagen, Streuern und Bodenfräsen. Daraus entstand, nach verschiedenen Umstrukturierungen, die amag GmbH, die sich auf Entwicklung, Produktion und Vertrieb von Straßenunterbaumaschinen spezialisierte. Dabei profilierte man sich vor allem als Spezialist für ein besonders Bodenmischverfahren: Mixed-in-place nennt sich dieses, es ist aus dem Straßen- und Tiefbau nicht mehr wegzudenken, Mitte der 1960er war die damalige Markt GmbH als Dienstleister deutschlandweit unterwegs. Bedarf und Praxiserfahrung führten zum Bau eigener Maschinen für die Unterbauverfestigung, wobei Maschinen wie der vollhydrostatische »contra-mixer® CM 2-20« für die Herstellung von exaktem Unterbaubeton oder die Großfräse »giant-mixer® GM 2-50« zur Bodenverbesserung und -verfestigung nur für die eigenen Kolonnen bestimmt waren und nicht verkauft wurden. Das änderte sich erst im Jahr 2000 mit Gründung der amag off road machines AG, die ihre Spezialbaumaschinen für das »mixed-in-place-Verfahren« nun auch Fremdfirmen anbot.

Kurz darauf wurde der Multi-Funktions-Trac für den Straßenbau entwickelt, der erste und bis jetzt einzige Bodenstabilisierer auf Lastwagen-

Basis. Diverse Ausführung hat man auch für den Agrarbetrieb realisiert und über die Jahre bis zum heutigen Höhepunkt weiterentwickelt – dem AgroTruck, charakterisiert durch Hubwerk und Hydraulik vorne und hinten, ackertaugliche Niederdruck-Bereifung. Um die volle Motorleistung an der Zapfwelle zu erreichen, haben die Amag-Mannen den Antriebsstrang mit dem patentierten PTO-Getriebe und Zapfwelle versehen und um einen stufenlos regulierbaren hydrostatischen Antrieb erweitert. Dazu werden diverse Aufbauoptionen von Sattelschlepper bis hin zur Hackerversion angeboten, wobei ausschließlich Lastwagen von M.A.N. die technische Basis stellen. Der Vertrieb läuft ausschließlich direkt ab Werk in Bell, Deutschland.

BRUHNS

»Bruhns hinterlässt Spuren« – so lautet das Motto des Familienunternehmens Bruhns. Gegründet in Brandenburg kurz nach dem Mauerfall im Juli des Jahres 1990, mieteten sich die Brüder Harald und Bernhard Bruhns eine Werkstatt auf dem Gelände der Agrargenossenschaft Pröttlin in der Prignitz. In diesen bewegten Zeiten war vieles möglich, was schon kurz darauf fast undenkbar erschien: Die frischgebackenen Unternehmer konnten sich kaum zwei Monate nach Betriebsgründung als offizieller Unimog-Vertragspartner etablieren. Das Vertriebsgebiet war zunächst sehr klein, steht aber am Anfang einer bemerkenswerten Erfolgsgeschichte, die Bruhns heute mit über 100 Mitarbeitern an fünf Standorten – darunter auch Berlin – zu einer festen Größe in Sachen Unimog und Landmaschinen machten. Seit 2020 vertreibt Bruhns nicht nur Unimog, Claas, Fendt und Valtra, sondern ist auch in den Bau von Spezialfahrzeugen und Agrartrucks eingestiegen, und natürlich kommen dafür nur Basisfahrzeuge von Mercedes-Benz in Frage.

Bruhns Secutor

In der Landwirtschaft ist bekanntlich oft mehr als Straßentauglichkeit gefragt: »Denn harte Bedingungen erfordern einen Truck, der hart im Nehmen ist«, weiß die Werbung, und zu den robustesten Lkw überhaupt gehört der Zetros, der letzte Hauben-Lkw von Mercedes-Benz. Im mitteleuropäischen Straßenverkehr ist dieser Gigant fehl am Platz und steht daher auch nicht im offiziellen Verkaufsprogramm, doch der bei der Produktsparte »Special Trucks« gebaute schwere Hauber ist für bestimmte Zwecke auch in Deutschland einzusetzen – etwa als Agrartruck. Bruhns rüstet den Zetros entsprechend um, stattet ihn mit Zug-/Kugelkupplung oder auch mit konventioneller Sattelplatte für den Einsatz als Sattelschlepper aus (den entsprechenden Auflieger baut Bruhns ebenfalls), versieht ihn, falls gewünscht, mit Kran, Tank oder Kipppritsche, rüstet ihn um auf eine geländetaugliche Agrarbereifung, installiert Heckkraftheber, Kommunalplatten am Rahmen oder auch eine Zapfwelle mit Zapfwellengetriebe und Gelenkwelle – was im Rahmen des technisch Machbaren und Zulassungsfähigen möglich ist, realisiert Bruhns beim Zetros »Secutor«.

In ähnlicher Art und Weise wird auch der Arocs aufgerüstet. Der wird passend für mitteleuropäische Lohnunternehmen und landwirtschaftliche Großbetriebe für den Einsatz als Agrar-Lkw aufgebaut: Zapfwel-

Der 2012 auf einer Messe gezeigte Vorführer hatte eine LoF-Zulassung, eine Teleflow Reifenregeldruckanlage, eine Load-Sensing Hydraulikanlage und eine K 150 Kupplung. (© Daimler Truck AG)

Der SGT-Auflieger mit einer Abschiebewanne aus Stahl hatte ein Volumen von rund 47 m^3; die erste und die dritte Achse waren zwangsgelenkt. Allerdings ließen sich auch andere Aufbauten montieren. (© Daimler Truck AG)

Auf der Forstmesse »KWF-Expo 2012« stellte Mercedes-Benz den Zetros Secutor in Agrarausführung vor. Die Umrüstung übernahm die Firma Bruhns. Basis war der Zetros 1833. Bei einem Gesamtgewicht von 40 t lag die Nutzlast bei 20,5 t. Das imposante Gespann lief bis 2019 als Vorführer bei Bruhns und wurde dann, mit lediglich 15.481 Kilometern auf der Uhr, verkauft. (© Daimler Truck AG)

Zu haben ist der Heizotruck in zwei verschiedenen Varianten: In der Forst-Variante V1 mit drehbaren Beifahrersitz, Bedienjoystick sowie Sicherheits-Glaskabine und in der Agrar-Variante V2 mit Panoramascheibe. (© Heizomat)

Heizomat, Führend auf dem Gebiet von Hackschnitzel- und Biomasse-Feuerungsanlagen, stellte 2015 mit dem Heizotruck seinen ersten Agrar-LKW für land- und forstwirtschaftliche Einsätze vor. Er basiert auf dem Zweiachs-Allradkipper-Fahrgestell von Mercedes-Benz. Zu den wichtigsten Umrüstungen am Arocs 2051 gehören eine Heckzapfwelle, Kugelkopfkupplung und Sattelplatte. (© Heizomat)

Heizomat bietet nicht nur komplette Heizanlagen, sondern auch mobile Großhacker an. Dieser Heizohack HM 14-860 KL auf Arocs 3353 AK 6x6 mit Palfinger-Kran schreddert Stammholz mit bis zu 65 cm Durchmesser. Die Auswurfturmhöhe beträgt maximal 5,30 m. (© Heizomat)

le, Load-Sensing und ISOBUS, Zugmaul, Dreipunktaufhängung oder Frontanbauplatte samt Hydraulik – mit entsprechender Ausstattung kann ein Agrar-Lkw fast alle Aufgaben erledigen, die sonst ein Großtraktor übernimmt. Dabei wird ein Lkw aber immer sparsamer sein als ein Traktor, und in Sachen Transporteffizienz ist er sowieso besser.

HEIZOTRUCK

Im Mai 1982 begann die Erfolgsgeschichte von Robert Bloos und Heizomat mit einer Erfindung in einer Garage im Dörfchen Oberweiler in Meinheim, einem Örtchen in der bayerischen Provinz. Bloos hatte neu gebaut und als es um den Einbau einer Heizungsanlage ging, setzte er, ganz entgegen dem damals herrschenden Zeitgeist, nicht auf Öl oder Gas, sondern auf Holz. Zu einer Zeit, als die meisten Menschen froh waren, ihre Holzöfen ausrangieren zu können, ging er den umgekehrten Weg, zumal er selbst einige Hektar Waldgrund besaß. Damals schüttelte man im Ort den Kopf, heute weiß man: Er war seiner Zeit weit voraus, denn er gehörte zu den ersten, die die Vorzüge moderner Heizungsanlagen mit der Nachhaltigkeit erneuerbaren Energien kombinierten. Die Idee war bestechend, doch eine entsprechende Technik existierte nicht – Bloos war derjenige, der ein System entwickelte, das einem handelsüblichen Heizkessel über einen Gelenkarm automatisch Holzspäne zuführen konnte: Das war die Geburtsstunde der Firma Heizomat. Das sprach sich schnell herum, im Jahr 1985 wurde in Gunzenhausen-Maicha die erste Fabrikationshalle gebaut, denn Bloos hatte den weltweit ersten Hackschnitzelkessel mit automatischer Entaschung für private Haushalte entwickelt. Die Nachfrage explodierte, das Heizomat-Produktprogramm wuchs: Häckselmaschinen aller Größen, Hackschnitzelfeuerungsanlagen und Großkesselanlagen mit 1000 Kilowatt für ganze Dörfer – Heizomat baut praktisch alles, was für den Einsatz von Holzhackschnitzeln zur Wärmeerzeugung notwendig ist und gehört inzwischen zu den weltweit führenden Hersteller im diesem Bereich. Mittlerweile sind über 45.000 Hackgutheizungsanlagen in mehr als 29 Ländern verkauft worden.

Jetzt auch ein Chippertruck

Was der Familienbetrieb mit rund 300 Mitarbeitern aber lange nicht anbot, war ein Chippertruck, einen selbstfahrenden Großhacker zur Produktion von Hackschnitzeln. Das führte zum »Heizotruck« des Jahres 2016 – dem seinerzeit mutmaßlich leistungsstärksten Agrar-Lkw mit einer Zapfwellenleistung von 350 kW und 3800 Nm für den Holzhacker. Angeboten wird er in zwei Ausführungen (V1 und V2) für die Land- und die Forstwirtschaft.

Die Basis bildet jeweils ein Zweiachs-Allradkipper-Fahrgestell der Mercedes-Benz-Reihe Arocs. Er bringt schon von Haus aus beste Voraussetzungen mit, weil speziell für den Baustelleneinsatz ausgelegt. Entsprechend souverän agiert er auch, umso mehr, nach dem Heizomat-Techniker sich seiner angenommen haben. Jetzt kann er nicht nur Baustelle, sondern auch Wald und Wiese, dank Heckzapfwelle, Load-Sensing-Hydraulik und diversen Anschlüssen und Steuergeräten an Heck, Fahrerhausrückwand und – optionaler – Frontanbauplatte. Dazu gab's weitere arbeitserleichternde Details wie LED-Arbeitsscheinwerfer, Rückfahrkamera und eine von den Gunzenhausenern entwickelte Bedienkonsole am Fahrersitz, um Hydraulik und Zapfwelle steuern zu können. Versehen mit Agrar-Reifen des Formats 495/70 R 24, ist der wichtigste Unterschied zwischen den beiden Heizotruck-Ausführungen in der Kabinenausstattung. Beim Forst-Lkw gehören der drehbare Beifahrersitz inklusive Joystick sowie die größere Fensterfläche mit Spezialglas zur Serienausstattung. 80 km/h fahren dürfen sie beide; eine Lof-Zulassung für den Agrarsektor ist ebenfalls möglich.

IFA W 50 / L 60 ND

Die DDR nahm eine Vorreiterrolle auf dem Gebiet der Agrartrucks ein, seit Ende der 1960er Jahre gab es entsprechende Ausführungen des in unzähligen Varianten (1985 sprach das Werk von 59 Varianten und 240 Ausführungen) gebauten Standard-Frontlenkers W 50. Das Werk stand am Rande von Ludwigsfelde auf der Fläche eines ehemaligen Flugmotorenwerks (»Werk Genshagen«) von Daimler-Benz. Die dort ab 1965 vom »VEB IFA-Automobilwerke Ludwigsfelde« gebauten Standard-Lkw waren mit einem 6,5 Liter großen Vierzylinder-Diesel ausgestattet, der gute 110 PS bei 2200/min leistete. 1967 erfolgte, nach der Umstellung auf Direkteinspritzung und das Mittenkugel-Verfahren von MAN, ein Leistungssprung auf 125 PS. Die maximale Zuladung lag bei 5,3 Tonnen, der Verbrauch bewegte sich in den Regionen von 20 bis 25 Liter, was damals durchaus in Ordnung ging. Die Kraftübertragung erfolgte über ein Fünfganggetriebe. Während es zum Antriebsstrang keine Alternative gab, so bauten die Ludwigsfelder zunächst vier Fahrgestell-Grundtypen mit zwei Radständen. Standardausführung war die Pritsche, später kam der kaum weniger beliebte kurze Dreiseitenkipper mit kürzer übersetzter Hinterachse hinzu.

Varianten für die Landwirtschaft

Speziell für die Landwirtschaft entwickelt wurde ein Allrad-Zweiseitenkipper mit verstärktem Rahmen und 16 t Zuglast. Er ging 1969 in Produktion, die komplette Typenbezeichnung lautete »W 50 LA/Z 2 SK 5 ND«, wobei das »A« für Allrad stand und das »ND« für Niederdruckreifen der Größe 16-20. Typisch war auch der hinter dem Fahrerhaus hoch gelegte Auspuff. Dieser Lkw legte die Basis für eine ganze Palette von Agrar-Fahrzeugen, etwa Mischfutter-Sattelauflieger, Viehtransporter, Gülletanker und dergleichen mehr. Praktisch unverändert, stand der W 50 ND dann über Jahre als robuster, unverwüstlicher Allrounder im Programm, der insbesondere auch im Export als Allradwagen sich in Drittweltländern großer Beliebtheit erfreute. Daher sah der Nachfolgetyp kaum anders aus, bot aber einige modernere Lösungen wie ein Kippfahrerhaus und einen neuen Diesel-Direkteinspritzer mit 9,2 Litern Hubraum aus dem Motorenwerk Nordhausen, einen erheblich modifizierten Rahmen, überarbeitete Achsen und eine neue Achtgang-Schaltgruppe. Außerdem hatte man die Hütte etwas netter möbliert und einen dritten Sitzplatz in ihr untergebracht, doch für ein neues, anständiges Fahrerhaus reichte das Geld nicht: Die neue Technik steckte in uralter Verpackung. Den L 60 (»L« für »Ludwigsfelde«) gab

Immer wieder wurde die Wichtigkeit der W 50-Fertigung für die Landwirtschaft betont, tatsächlich hatten die Landwirtschaftlichen Produktionsgenossenschaften selten das Glück, einen W 50 zu ergattern. (© Deutsche Fotothek)

Die Bezeichnung W 50 stand für eine Nutzlast von fünf Tonnen. Am 17. Juli 1965 verließ der erste Lastwagen das Werk Ludwigsfelde. Rasch folgten weitere Versionen, Allrad-Lkw indessen erschienen erst nach 1967. In der Typenbezeichnung W 50 LA stand künftig das »A« immer für die zwei angetriebenen Achsen. (© Ralf Weinreich)

Typisch für die Agrar-Lkw waren die Niederdruckreifen der Größe 16-20. Viele LA-Typen wurden nachträglich damit ausgerüstet, auch wenn sie nicht den verstärkten Rahmen und den hinter dem Fahrerhaus hoch gelegten Auspuff aufwiesen. (© Ralf Weinreich)

Mit den allradgetriebenen Kippern (Zwei- und Dreiseiten) wurde auch ein überarbeiteter Dieselmotor eingeführt, der nun 125 PS leistete. (© Ralf Weinreich)

Den MAN TDS 18.500 in Agrarausführung präsentierte MAN bei der Roadshow 2017 in Kombination mit einem Fliegl-Abschiebewagen ASW 298. (© MAN Truck & Bus SE)

Die MAN-TGS-Reihe gibt es in drei Kabinengrößen, mit zuschaltbarem oder permanentem Allradanrieb sowie drei oder vier Achsen, die mit Vorlauf- oder Nachlaufachsen kombiniert werden können. Optional gibt es die Baureihe auch mit HydroDrive, hydrostatisch angetriebenen Radnabenmotoren in der Vorderachse – beim Vierachser in der zweiten Vorderachse. Um einen solchen handelt es sich bei diesem MAN TGS 41.480 8x8 mit Vollaluminium-Abschiebe-Aufbau von Fliegl aus dem Jahre 2017. (© MAN Truck & Bus SE)

Agrolohn Kobler, 1993 als klassischer Dienstleister für Landwirtschaft, Bioenergie und Kommune gegründet, nutzt den MAN TGS eot-agrartruck-4x4 mit Fliegl-Satteltransportfass STF 25.000 l Volumen in der Güllelogistik. (© MAN Truck & Bus SE)

es auch wieder in Allradausführung, dann aber in erster Linie als Militärfahrzeug für den Export. Wie auch beim W 50 war die Kipppritsche abnehmbar, um andere Aufbauten verwenden zu können, und die L 60 für die Landwirtschaft rollten ebenfalls mit Niederdruckbereifung vor. Mit der politischen Wende und der Währungsunion brach der Export als tragende Säule zusammen, das Werk stand vor dem Aus. Glücklicherweise hatten sich bereits im Spätjahr 1989 Gespräche zwischen der IFA und potentiellen Käufern angebahnt, erste Wahl war MAN, doch Daimler-Benz machte das Rennen. Im Februar 1991 begann die Montage der leichten Lastwagen-Klasse von Mercedes. Mit rund 2000 Mitarbeitern ist Ludwigsfelde heute das weltweit drittgrößte Transporterwerk der Daimler Truck AG und fertigt rund 50.000 Transporter im Jahr.

MAN

1915 begann die »Maschinenfabrik Augsburg-Nürnberg AG«, kurz M.A.N., zusammen mit der Schweizer Firma Saurer mit der Herstellung erster gemeinsamer Lastkraftwagen. Die MAN-Saurer galten als ausgesprochen betriebssicher und zuverlässig. Auf Veranlassung der deutschen Obersten Heeresleitung musste Saurer im Jahr 1918 aus der Gesellschaft ausscheiden. 1924 präsentierte MAN erste Lastwagen mit Dieselmotoren. Flaggschiff der Vorkriegsjahre war der 150 PS starke F4. Während der Kriegsjahre baute MAN Allrad-Fahrzeuge für die Wehrmacht, die ersten Allrad-Hauber der Nachkriegszeit mit neuartigen Dieselmotoren erschienen Anfang der 1950er Jahre. MAN lieferte außerdem mit der »Emma« den legendären Allrad-Lkw für die Bundeswehr-Erstausrüstung.

Natürlich entstanden auch in den folgenden Jahren und Jahrzehnten diverse extrem robuste Allrad-Lkw in verschiedenen Gewichtsklassen, und ebenso natürlich waren die in erste Linie für die Bauwirtschaft gedacht. Tatsächlich rückten Agrar-Lkw erst nach der Jahrtausendwende ins Programm, und entsprechende Varianten für Land- und Forsttwirtschaft erst in den 2010er Jahren nach dem Wechsel zur neuen l kw-Generation »Trucknology«. Deren erster Vertreter war der TGA (schwere Gewichtsklasse) mit der XXL-Kabine ab 310 PS aufwärts, gefolgt von den Baureihen TGX (Fernverkehr), TGS (Verteilerverkehr), TGM und TGL (Stadt- und Verteilerverkehr).

Traktor-Trucks in vielen Größen

Auch wenn alle MAN umgerüstet werden können, so dürfte es sich bei den Traktor-Trucks meist um mittlere TGS-Varianten handeln. Angeboten als Sattelzugmaschinen und Fahrgestelle mit Hinterradantrieb in normal- und mittelhoher Rahmenbauart, werden für die Allrad-Modelle »hohe« TGS verwendet. Sie haben zuschaltbaren oder permanenten Vorderradantrieb, Mitteldifferential und hydrostatischen Antrieb für die Vorderachse, also zuschaltbare hydrostatisch angetriebene Radnabenmotoren. Beim Vierachser befinden sich diese in der zweiten Achse.

Bei einer Zulassung als land- oder forstwirtschaftliches Fahrzeug darf die Fahrzeugbreite bei einem solchen MAN TGS 18.500 4x4 BLS bis zu drei Meter betragen, was sich in der Reifenwahl niederschlägt. Soll die lastwagenübliche Breite von 2,50 Metern eingehalten werden, stecken vorne 445/65 Reifen und hinten 600/50er Einzelreifen auf den Achsen. Bei Ausschöpfung der maximal erlaubten Breite rollt der MAN TGS auf 580/65 22,5 vorne und 750/45 26,5er Reifen hinten.

Den dafür benötigten großen Radkasten berücksichtigt MAN in Form von angepassten Kotflügelausschnitten, Schmutzfängern und Anbauteilen. Stehen Transportaufgaben über einen längeren Zeitraum an, die auf befestigten Straßen abgewickelt werden, so empfiehlt es sich, die Ackerbereifung gegen verschleiß- und rollwiderstandsärmere und somit wirtschaftlichere Straßenbereifung zu wechseln. Im robusten dreiteilig ausgeführten Stahlstoßfänger schützen Gitter die Scheinwerfer. Ein Aufstieg auf dem linken Kotflügel mit einem langen Handlauf auf dem Dach erleichtern den Blick in die Mulde und den Überstieg zum Auflieger. Zusatzscheinwerfer leuchten das Fahrzeugumfeld aus und Rundumkennleuchten warnen andere Verkehrsteilnehmer. Der Anbau einer Schneepfluganbauplatte mit den dazugehörenden hochgelegten Scheinwerfern und Blinkern bietet dem Unternehmer die Chance, das Fahrzeug auch in der Wintersaison wirtschaftlich einzusetzen. Hinter dem Fahrerhaus ist das Auspuffrohr rechts nach oben gezogen, um die Abgasbelastung im Fahrzeugumfeld zu reduzieren und die Staubaufwirbelung am Boden zu vermeiden. Als branchenspezifische Ausstattung lässt MAN zusätzlich zur Sattelkupplung am Rahmenende einen Anhängebock montieren. Dieser setzt sich aus einer Maulkupplung mit 38- mm-Bolzen und einer Kugelkupplung 80 mm zusammen. Dazu gehören zwei 50 mm-Lenkungskugeln, um landwirtschaftliche Anhänger mit einer Zwangslenkung zu ziehen. Den TGS Agrar-Truck bietet MAN als zwei-, drei- oder vierachsiges Fahrgestell mit einem Antrieb von 4x2 bis 8x8 an, vorbereitet zur Montage unterschiedlicher Aufbauten wie Grasladewagen, Abschieber, Kalk- und Düngestreuer oder Güllefässer; ein TGM mit Allradantrieb und bodenschonender Agrarbereifung kann durchaus die Alternative zu Traktor oder Selbstfahrer beim Ausbringen von Düngemitten auf befahrbaren und tragfähigen Böden sein.

Vielseitige Lösungen

Agrar-MAN eignen sich für eine Vielzahl an Transportaufgaben in der Landwirtschaft. Tanksattelzüge für flüssige Abfallstoffe wie Gülle oder Gärsubstrate sowie Silozüge mit Dünger und Futtermitteln werden von TGS- oder TGX-Satteln gezogen. Mobile Mahl- und Futtermischanlagen sieht man auf MAN TGM und TGS; mit Luftfederung an den Achsen kommen TGS oder TGX beim Tiertransport zum Einsatz. Die mehrstöckige Unterbringung der Tiere im Aufbau führt aber zu einer hohen Schwerpunktlage. Zur Minderung von Wankbewegungen um die Hochachse bietet MAN ein Hochlastwankstabilisierungspaket, bestehend aus Stabilisator und X-Lenker an der Hinterachse, an.

Milchsammeltransporte kann man mit dreiachsigen TGS erledigen, wobei für die Unterbringung dieses Aufbaus Rahmenmodifikationen erforderlich sind, etwa um den Armaturenschrank unterbringen zu können. Die gelenkte Nachlaufachse ist serienmäßig, das Wankstabilisierungspaket empfehlenswert. Und Anbieter von Chippertrucks,

Am Rahmenende gibt es zusätzlich zur Sattelkupplung einen Anhängerbock mit Maulkupplung, Kugelkopfkupplung und Lenkungskugeln. Hinzu kommen Strom- und Hydraulikanschlüsse sowie die Rückfahrkamera. (© MAN Truck & Bus SE)

Zur branchenspezifischen Ausstattung des MAN TGS 18.510 Agrar-Truck gehört die breite, bodenschonende Landwirtschaftsbereifung in der Dimension 445/65 R22,5 vorne und 600/50 R22,5 hinten. (© MAN Truck & Bus SE)

Eine typische Aufgabe für Agrar-Trucks ist die Logistik von Gülle vom Stall zum Feld oder zum Zwischenlager. Der MAN TGS 18.510 kann mit der breiten bodenschonenden Agrarbereifung auf dem Feld bis zum Gülleausbringer fahren. (© MAN Truck & Bus SE)

MAN TGS 18.510 4x4 BLS in Agrar-Ausführung als Sondermodell XLION von 2019. Ideal sind solche Trucks für den kombinierten Einsatz auf dem Feld, dem Feldweg und der Straße zum Hofgelände, Landhandel oder weiterverarbeitendem Betrieb. Die Landwirtschaftsbereifung stammt von Yokohama-Tochter Alliance. Trotz der breiten Bereifung hält der Agrartruck die lastwagenübliche Breite von 2,55 Metern ein. (© MAN Truck & Bus SE)

2016 verglich die Deutsche Landwirtschafts-Gesellschaft DLG den Arocs 2051 AK 4x4 mit konventionellen Schleppergespannen. Das Fazit: In allen Testkategorien verbrauchte der Agrar-Sattelzug um bis zu 23 % weniger Sprit als alle bis dahin getesteten Fahrzeuge. (© Daimler Truck AG)

Seine Vorteile spielt ein Agrar-Lkw natürlich beim effizienten Transport landwirtschaftlicher Schüttgüter aus. Bruhns hat dafür den AG-Trailer entwickelt. In selbsttragender Aluminiumbauweise gefertigt, nimmt er 20,5 t Nutzlast und 52 m^3 Nutzvolumen auf. (© Daimler Trucks AG)

Bruhns versah den Arocs u.a. mit einer Heckzapfwelle, acht Hydraulikanschlüssen, vier Steuergeräten und unterschiedlichen Anhängekupplungen. (© Daimler Truck AG)

also von Großhackern auf Lastwagenfahrgestellen, setzen meist auf Allrad-TGS, die schon über die von MAN Individual modifizierte Kabine mit großflächigen Seiten- und Rückwandscheiben und drehbarem Beifahrersitz verfügen. Und wenn die Feldsaison abgeschlossen ist, können Betreiber von TGS Agrar-Trucks ihren MAN umbereifen, mit einer Frontanbauplatte für den Schneepflug mit den dazugehörend hochgelegten Scheinwerfen und Blinkern sowie der orangen Rundumkennleuchten auf dem Fahrerhausdach versehen und den Winterdienst bewältigen. Oder für normale Transportfahrten mit Auflieger eingesetzt werden, ganz wie's erforderlich ist.

MERCEDES-BENZ

Neben MAN liefert nur die Daimler Truck AG Lkw für die Landwirtschaft. Als Truck für alle landwirtschaftlichen Sonderfälle bietet Mercedes-Benz seit Jahrzehnten bekanntlich den Unimog an, allerdings werden auch die größten Freunde des Alleskönners gerne bestätigen, dass es für Einsätze im Verteiler- und Fernverkehr geeignetere Lkw gibt als einen Mog. Der gerät in Sachen Nutzlast und Ladevolumen jedem Lkw gegenüber ins Hintertreffen.

Daher bietet man seit der Agritechnika 2014 einen weiteren Agrar-Lkw auf Arocs-Basis an. Die Baureihe hat sich im schweren Baustelleneinsatz schon längst bewährt, und was gut genug ist für die Baustelle, sollte auch auf dem Acker bestehen können, vor allem wenn grobstollige Niederdruckreifen der Dimension 750/45 R 22.5 aufgezogen sind. Der Allrad-Arocs vom Typ »2042 AS« – 20 t Gesamtgewicht, 420 PS – verfügt über einen Motornebenabtrieb und die für einen Geräteanbau unabdingbaren Hydraulikanschlüsse. Außerdem kann, zur Zulassung als Lof-Fahrzeug, die Höchstgeschwindigkeit auf 60 km/h begrenzt werden, was natürlich die Transportgeschwindigkeit über Land senkt: Ein Traktorgespann kann das auch, fährt aber in Produktivität und Effizienz dennoch hinterher, denn mit der dringend notwendigen Ballastierung kommt er in den Gewichtsbereich eines 40-t-Sattelzugs, hat aber eine um rund fünf Tonnen geringere Nutzlast und höhere Betriebskosten. Betreiber von Agrar-Lkw hingegen sparen, übers Jahr gerechnet, rund 10.000 Liter Dieselkraftstoff ein, verschleißen weniger Reifen (ein neuer Satz Traktorreifen kostet zwischen 10.000 und 12.000 Euro!) und müssen nur halb so oft zum Service wie ein Großtraktor: Es spricht viel für einen Agrar-Arocs – aber dennoch mehr für einen Traktor oder gar einen Unimog: Denn die sind in der landwirtschaftlichen Praxis noch vielseitiger nutzbar. Wegen der geringen Losgrößen lohnt eine Serienfertigung natürlich nicht. Aufgebaut werden die Fahrgestelle meist von der Spezialfahrzeugsparte, die dem Lkw-Werk Wörth angegliedert ist; den eigentlichen Aufbau übernehmen Spezialbetriebe wie Bruhns.

Der Agrar-Arocs, den die Daimler Truck AG 2013 präsentierte, wurde bei Bruhns umgebaut. (© Daimler Trucks AG)

Mercedes-Benz do Brasil produziert in São Bernardo do Campo nahe São Paulo die Lkw-Modelle Accelo, Atego, Axor und Actros für den südamerikanischen Markt. (© Daimler Truck AG)

Zu den Besonderheiten des Agrar-Lkw von Grunner und Mercedes-Benz do Brasil gehören die zweite Vorderachse sowie die zur Spurverbreiterung nach außerhalb der Radhäuser verlegten Reifen. (© Daimler Trucks AG)

Mercedes-Benz Axor 3131 für den automatisierten Einsatz in der Zuckerrohrernte. Die speziell auf die Erntearbeit angepasste Technologie ist aber keine Entwicklung der Daimler Trucks; die Forschungen zum Thema autonomes Fahren treibt das Unternehmen mit seiner eigenständigen Tochtergesellschaft Torc Robotics voran. Hinter dieser Entwicklung steht der brasilianische Landtechnikspezialist Grunner. (© Daimler Trucks AG)

Grunner bietet den Agrar-Axor in den Ausführungen ATR (für den Umschlag der Zuckerrohrernte), ASP (zum Ausbringen von Flüssigdünger) und ADS (Ausbringung von Feststoffen) an. (© Daimler Trucks AG)

Zuckerrohr statt Zuckerrübe

Natürlich schreitet, wie in der Hochleistungslandwirtschaft überhaupt, auch beim Agrar-Lkw die Digitalisierung voran, und auch der Trend zum autonomen Fahren auf dem Feld hat so richtig an Fahrt aufgenommen. Außerhalb Europas vorneweg fährt die brasilianische Tochter der Daimler Truck AG, auf dortigen Zuckerrohrplantagen lassen sich autonom fahrende Agrar-Lkw beobachten.

Wo hierzulande der Arocs eingesetzt wird, übernimmt in Brasilien (und anderswo in Südamerika) meist der Axor diese Jobs. Und der bildet auch die Grundlage für jene Agrar-Lkw, die aktuell beim brasilianischen Agrartechnikhersteller Grunner für den automatisierten Ernteeinsatz konfiguriert werden, wobei der Axor schon ab Werk auf ein teilautonomes Fahren ausgelegt ist und selbstständig Tempo, Abstand und Spur regeln kann. Für den Einsatz in der Landwirtschaft braucht es aber mehr als automatisierte Fahrfunktionen, so verfügt der Axor über eine zusätzliche Vorderachse, einen erweiterten Reifenabstand, sogenannte Agrarreifen und jede Menge Sensoren, Steuergeräte und Satellitenreciver zur GPS-Stationsbestimmung. Bevor der Truck auf der Plantage autonom die Ernte einfahren kann, wird die Ernteroute vorher, wie bei der Mähmaschine auch, auf den Zentimeter genau am Computer berechnet. Die Kontrolle erfolgt via Cruise Control, GPS und Geo-Referencing. Die Arbeitsgeschwindigkeit liegt bei etwa sechs Kilometer pro Stunde. Ist die Befüllung des Axor abgeschlossen, übernimmt wieder der Fahrer den Lkw für den Güterumschlag. Im Vergleich zu einem konventionellen Gespann lassen sich die schon oben angeführten Vorteile bei Kraftstoffverbrauch, Schmierstoffverbrauch sowie Wartungs- und Instandhaltungskosten realisieren und in der gleichen Zeit rund die doppelte Menge ernten. Bis Ende 2022 sollen rund 640 Axor 3131 zur Umrüstung an Grunner geliefert werden.

Während hierzulande der Axor seit 2013 nicht mehr gebaut wird, läuft er in Brasilien weiterhin vom Band. Er gehört zu den meistverkauften Lkw in Südamerika. (© Daimler Trucks AG)

OPITZ OPTIMAL

Ganz spezielle Agrartrucks hat die Firma Opitz international auf die Räder gestellt. Diese Einzelstücke werden nur für eine ganz besondere Aufgabe gebaut: für die Großbaumverpflanzung. Denn vor allem bei innerstädtischen Bauvorhaben – siehe Stuttgart 21 – wird versucht, einen Großteil der Bäume zu retten. Das bedeutet zwar einen hohen Aufwand, doch der Deutsche und der Baum haben ein besonders inniges Verhältnis.

Wenn die Untersuchungen ergeben haben, dass einer Verpflanzung aus fachlicher Sicht nichts im Wege steht, rücken die Spezialisten mit einer Rundspatenmaschine an. Eine typische Maschine besteht aus einer Reihe von Spatenblättern, die rund um den Baum greifen, in das Erdreich getrieben werden und beim Schließen das Wurzelwerk kappen. Danach kann die Pflanze samt Ballenwerk herausgehoben werden. Solche Rundspatenmaschinen werden in verschiedenen Varianten gebaut und unterschiedliche Wurzelballendurchmesser und Wurzeltiefen. Es gibt gerade oder gekrümmte Spaten, und auch solche, die an einen gigantischen Eiskugel-Portionierer erinnern, und mit bis zu drei Metern Ballendurchmessern ist der Aufwand noch überschaubar.

Um noch größere Bäume versetzen zu können – ein Wurzeldurchmesser von drei Metern entspricht ungefähr einem Baumstamm-Querschnitt von anderthalb Metern – muss unterpresst werden. Diese Methode ist teuer und kommt nur bei ganz besonderen Bäumen in Frage. Denn zunächst muss das Baumumfeld weiträumig freigeräumt werden, dann gilt es, den Wurzelballen ganzflächig zu unterbauen und Stahlträger einzuschieben, an denen die Konstruktion angehoben werden kann. Dazu braucht es noch Stützwände für das Wurzelwerk, und erst dann wird der Baum samt Ballen mit Autokranen nach oben gehoben und zum neuen Standort verfahren.

Es gibt in Europa nicht viele Unternehmen, die das können, und wer einen solchen Dienstleiter benötigt, wird auf die Firma Opitz-international im bayerischen Heideck stoßen. Gegründet wurde das heute europaweit bekannte Unternehmen 1964 von Landschaftsgärtnermeister Dieter Opitz, »mit einem Schubkarren und ein paar Hundert D-Mark Startkapital«, wie das Unternehmen mitteilt. Später hat Opitz eine amerikanische Spatenmaschine von Vermeer in Aktion erlebt. Die Idee war gut, die Umsetzung aber – so etwa die Kettensteuerung – nicht zu Ende gedacht. Daher begann Opitz selbst mit der Entwicklung einer neuen, besseren Maschine, die per Hydraulik arbeitete. 1971 stellte er seine erste Baumverpflanzmaschine vor, die Optimal 1800; 1974 folgte die Optimal 2500. Mit einem Ballendurchmesser von 2,50 m war es die größte Baumverpflanzmaschine weltweit. 1977 wurde die Optimal-Vertrieb Opitz GmbH gegründet und die Produktpalette um Ballenstechmaschinen mit Durchmessern von 70, 100 und 120 cm für Baumschulen erweitert. Die damals entwickelten Maschinen brachten enorme Arbeitserleichterung und sind aus dem Baumschul- und Landschaftsbausektor nicht mehr wegzudenken. Die größte Maschine, die Optimal 3000, ist auf ein fünfachsiges Tatra-Allrad-Fahrgestell aufgebaut. Dieser Koloss ist heute das Flaggschiff der Opitz-Gruppe

Wenn der maximale Wurzelballendurchmesser nicht größer ist als 3 Meter, kann ein Baum noch relativ einfach verpflanzt werden. Bei noch größeren Bäumen wird es so richtig kompliziert und teuer. (© Opitz GmbH & Co. KG)

Die Maschine kann 6,5 Kubikmeter Wurzelwerk mit bis zu 10 Tonnen Gewicht ausheben und Bäume mit 150 Zentimeter Stammumfang versetzen. 2016 kam sie bei Baumverpflanzungsarbeiten im Mittleren Schlossgarten, Stuttgart, zum Einsatz. (© Opitz GmbH & Co. KG)

Die Spezialisten von Opitz-international haben im vergangenen halben Jahrhundert rund 1,8 Millionen Bäume verpflanzt. (© Opitz GmbH & Co. KG)

Für jeden Baum die passende Maschine – daher bietet Opitz drei Produktlinien an: Klassische Rundspatenmaschinen (C-Line), Maschinen die wie Eiskugel-Ausstecher ein sauberes Halbrund formen (P-Line) und die Pflanzmaschinen mit geraden, nach unten offen Spaten (T-Line). (© Opitz GmbH & Co. KG)

Die europaweit größte Rundspatenmaschine heißt Optimal 3000 und sitzt auf dem Fahrgestell eines Tatra-Fünfachsers. Das zulässige Gesamtgewicht liegt bei 45 Tonnen. Wenn das nicht reicht, hat Opitz ein einzigartiges System zur »Größtbaumverpflanzung« entwickelt. Dafür braucht's dann Tieflader, Schwerlastkräne und dergleichen mehr. Das ist nicht billig, doch damit kann jeder vitale Baum verpflanzt werden – wie etwa beim U-Bahn-Bau in Göteborg im Sommer 2020. (© Opitz GmbH & Co. KG)

Wichtig für Agrar-Lkw ist die Bereifung. Paul hat vorne Agrarpneus der Größe 445/65 R 22.5 aufgezogen, hinten solche der Größe 600/50 R 22.5. (© Paul Nutzfahrzeuge)

Agro Mover 2051 AK 4x4, 2016: Auf Basis des Baustellenkippers entstand ein Agrar-Lkw, hier beim Tiefengrubbern zu sehen. Optional ist ein Dreipunkt-Heckkraftheber (im Wesentlichen Claas-Technik). Mit 1,5 t schwerem Frontballast liegt die Hubkraft bei beachtlichen 7 t. (© Paul Nutzfahrzeuge)

Arocs 3353 AK 6x6 als Agro-Truck, hier mit Streuer-Aufbau auf Hakenrahmen von Tebbe. Die Vilshofener führen bis zu 1000 Umbauten pro Jahr durch. (© Paul Nutzfahrzeuge)

2019 hat der Hersteller erstmals einen Iveco modifiziert, einen Trakker AD 400 T 45WT/P mit Allradantrieb, 3,80 Metern Radstand und 450 PS. (© Paul Nutzfahrzeuge)

und die größte Maschine ihrer Art in Europa. Pro Jahr verpflanzen die 20 Opitz-Mitarbeiter europaweit zwischen 2500 und 5000 Bäume.

PAUL NUTZFAHRZEUGE

So breit das Nutzfahrzeugangebot der großen Hersteller auch aufgefächert ist, so gibt es doch die eine oder andere Nische, die sie nicht bedienen können oder wollen. Der Sonderfahrzeugbau ist daher oft Sache von Spezialfirmen wie der Firma Paul Nutzfahrzeuge in Vilshofen an der Donau. Das Unternehmen mit heute rund 330 Mitarbeitern wurde vor über 200 Jahren als Schmiede und Wagnerei gegründet. Noch heute in Familienhand, sind die Vilshofener schon vor Jahrzehnten in den Bereich des Sonderfahrzeugbaus eingestiegen.
Zum Standardprogramm gehören Achseinbauten, Hinterachs-Zusatzlenkung, Fahrgestell- und Fahrerhausumbauten, wobei die Antriebstechnik von Mercedes-Benz und weiteren namhaften Herstellern kommt. Diese Modifikationen sind notwendig für Sonderaufbauten wie Betonpumpen, Feuerwehren oder Autokrane.

Agro Mover

Paul mischt inzwischen auch in der Landwirtschaft mit. Er ist, so der Hersteller,»konsequent auf die gestiegenen Anforderungen moderner Agrarlogistik zugeschnitten«. Tatsächlich kann der Agro Mover große Transportvolumina wirtschaftlich bewältigen und geht dabei ausgesprochen bodenschonend zur Sache. Er punktet in Sachen Nutzlast und Ladevolumen, ist nicht übermäßig teuer und ist, anders als andere Spezialfahrzeuge, schnell und in vollem Umfang autobahntauglich. Die Basis sind 4x2- und 4x4-Lkw von Mercedes-Benz, MAN oder Iveco, im Prinzip kann aber auch jedes 6x6 und 8x8-Fahrgestell verwendet werden. Zu den Umbauten, die aus einem normalen Straßenfahrzeug einen Agrar-Lkw machen, gehören die Agrarbereifung und die luftgefederte Hinterachse mit verstellbarem Höhenniveau. Paul ergänzt die Ausstattung um einen 5-t-Heckkraftheber und eine Heckzapfwelle, eine Zugkraftregelanlage, eine Load-Sensing-Hydraulikanlage mit bis zu sechs Hydraulikzellen. Weitere typische Merkmale sind die Kugelkopfkupplung, höhenverstellbare Anhängerkupplungen sowie eine für den Winterdienst taugliche Anbauplatte. Entsprechende Schutzbügel und -bleche kommen mit dazu. Als LoF zugelassen, damit benötigt der Fahrer keinen Lkw-Führerschein und darf auch Sonntags unterwegs sein.

Agrar-Lkw wie der Agro Mover – hier ein Arocs 2048 – sind sowohl für schnelle Straßentransporte als auch für Feldarbeiten einsetzbar. Der Ladewagen stammt von Vicon. (© Paul Nutzfahrzeuge)

RWZ - für unsere Landwirtschaft unterwegs

AGRARLOGISTIK

Seit der Mensch die Felder bestellt, benötigt er Gerätschaften, um etwas zu transportieren. Und was er nicht selber schleppen wollte, lud er auf Wagen, an denen er selbst zerrte und zog. Später überließ er das Ochs und Esel, das steigerte die Transportleistung und minderte (etwas) die Mühen. Als dann die Traktoren auf den Feldern auftauchten, genügten die bisherigen Wagen mit ihren eisenbewehrten Holzrädern nicht mehr. Jetzt waren höhere Nutzlasten und höhere Geschwindigkeiten möglich, was wiederum ein völliges Umdenken in Sachen Lenkung, Fahrwerk und Bremsen erforderte. In diesem Kapitel widmen wir uns einigen der bekanntesten und größten Produzenten von Anhängern und Aufbauten für Land- und Forstwirtschaft.

(© Raiffeisen Waren-Zentrale Rhein-Main eG)

Landwirtschaftliche Anhänger sind allgegenwärtig. Am häufigsten anzutreffen sind, neben Ladewagen und den universal einzusetzenden Standard-Zweiachsern mit und ohne Kipper, Tankwagen, etwa zur Ausbringung von Pflanzenschutzmitteln oder von Gülle. (© piqsels / PD)

Schwerlastmulden aus Hardox-Stahl wie den »HardLiner« baut Annaburger für den Transport von landwirtschaftlichem Schüttgut aber auch für den Baustelleneinsatz. Der robuster Halfpipe-Kipper hat ein Volumen von 12,5 m^3 und rangiert in der Leistungsklasse von 33 t. (© ANNABURGER Nutzfahrzeug GmbH)

AGRAR-TRUCKS

Nach der Mähmaschine ist der Anhänger an der Reihe, er transportiert etwa die Strohballen ab. Getreidestroh dient als Einstreu und wird in Form von Mist wieder ausgebracht. (© piqsels / PD)

Der 10.000. Hänger von Annaburger war ein Tridem-Gülletankwagen HTS 34.28 mit 28,5 m³ Volumen. (© ANNABURGER Nutzfahrzeug GmbH)

Die einfachste Anhängerform war die des Plattformwagens, also ebene Fläche, Räder drunter, Deichsel dran, fertig. Der Zimmermann fertigte Plattform und Fahrgestellrahmen, der Schmied Beschläge und Radnaben und der Stellmacher steuerte die Holzräder bei und setzte aus den Einzelteilen einen brauchbaren Anhänger zusammen. Anfangs hatten Anhänger nur eine Achse und eine starre Zugstange. Das Konzept stieß beim zweiachsigen Anhänger an seine Grenzen, denn lenken ließ sich damit nicht. Daher wurde der Drehschemel entwickelt, ein Drehgelenk für die Vorderachse. Weitere Änderungen ergaben sich aus der Umstellung auf Luftbereifung. Der seit Jahrzehnten typische und auch heute noch bei kleinen Betrieben anzutreffende Ackerwagen verfügt über einen Leiterrahmen aus Stahl und einen Aufbau in Gemischtbauweise aus Stahl und Holz. Die Bordwände sind klappbar, verzögert wird über eine simple Auflaufbremse. Diese Universal-Ackerwagen genügen den Anforderungen der modernen Landwirtschaft natürlich nicht, denn heute haben wir es mit hochentwickelten Agrarlogistik zu tun.

Ob Rückewagen oder Güllefass, ob Ballentransporter oder Überladewagen mit einer, zwei oder drei Achsen, mit starres Deichsel oder Dolly, als Hakenlift-Anhänger oder hochmoderner Abschiebewagen – für jeden Traktor und jeden land-, forst- und bioenergiewirtschaftlichen Zweck gibt es robuste und vor allem auch kippsichere Wagen in jeder Größe. Dass die natürlich nicht mehr vom Dorfschmied stammen ist klar. Die modernen High-Tech-Anhänger haben, mal abgesehen von offensichtlichen Gemeinsamkeiten wie Rädern, Deichsel und Koppelmaul am Heck praktisch nichts mehr mit den klassischen Anhängern zu tun und mit dem reinen Gütertransport von A nach B sind die fast schon unterfordert. Die meisten verfügen über ein gehöriges Maß an Zusatzfunktionen. Diese – streuen, dosieren, laden – sind meist vollautomatisiert und werden über das Bedien-pult vom Traktor aus pneumatisch und hydraulisch gesteuert; der Antrieb erfolgt in der Regel über die Zapfwelle der Zugmaschine: Die mechanisch zu bedienenden Hebel und Handräder haben ausgedient.

Und wie die Traktoren, so sind auch die Anhänger in den letzten Jahrzehnten immer größer und Leistungsfähiger geworden. Vor rund 20 Jahren waren Acht-Tonner-Kipper mit Tandemachse, Auflaufbremse und Silageaufbau in der Landwirtschaft Standard, meist zugelassen für die ebenso für landwirtschaftliche Fahrzeuge übliche Spitzengeschwindigkeit von 25 km/h. Heute ist ein Tandem-Muldenkipper mit Druckluftbremsanlage, einem zulässigen Gesamtgewicht von 16 t und einer bauartgenehmigten Fahrgeschwindigkeit von 40 km/h normal, und in der Agrarlogistik Sattelauflieger und Hakenliftanhänger.

ANNABURGER

Max Hensel aus Mühlberg a. d. Elbe (1878-1951), Sohn eines Schuhmachers, später Ingenieur und Erfinder, stattete nicht nur den Admiralspalast, den Friedrichstadtpalast und die Komische Oper in Berlin mit Bühnentechnik aus, sondern fertigte in seiner Maschinenfabrik auch Kran-, Waggon- und Fräsmaschinen. Um dem Bombenhagel zu entgehen, wurden Teile der Produktion 1943 nach Annaburg ausgelagert, dort entstanden Teile für die Abschussrampen der V2-Raketen. Nach dem Krieg erfolgte die Enteignung und später die Überführung in einen Volkseigenen Betrieb. Die ersten Nachkriegsprodukte waren Ackerluftwagen und fahrbare Dunglader. Später wurde die ehemalige Maschinenfabrik in die Abteilung Fortschritt (Landmaschinenproduktion) eingegliedert und avancierte zu einer der ersten Adressen in der DDR, wenn es um die Produktion von landwirtschaftlichen Anhängern ging. Hierzu zählten Gülletankanhänger, Stalldungstreuer und Kipper. Bis zur politischen Wende wurden 65.000 landwirtschaftliche Anhänger im Fahrzeugwerk Annaburg gefertigt.

Nach der Wende und der Auflösung des VEB Kombinat Fortschritt entstand 1991 die Annaburger Nutzfahrzeug GmbH, nachdem die Treuhand den Traunreuter Brüdern Zunhammer und dem Betriebsleiter Ullrich den Zuschlag gegeben hatte. Unter neuer Leitung konzentrierte sich das Unternehmen weiter auf die Produktion von Gületransporttechnik, Stalldung-streuern, Häckselwagen und Kippern. 1997 stellte Aannburger unter dem Markennamen »MultiLand« ein selbst entwickeltes Wechselsystem mit drei Komponenten (Gülletank-, Universalstreu- und Muldenkippaufbau) vor, in den 2000ern folgten Überladewagen, Schubentladetechnik und dergleichen mehr, kurzum: Was immer große landwirtschaftliche Betriebe und Lohnunternehmen an Landwirtschaftslogistik benötigen, liefert Annaburger – und das mit großem Erfolg: Zum 30-jährigen Firmenjubiläum vermeldete das Unternehmen die Auslieferung des 10.000. Wagens.

MAN Agrartruck mit Annaburger SchubMax LS: Der Sattelauflieger mit 20 to Nutzlast und einem Volumen von 65 m³ wurde speziell für Langstreckentransporte entwickelt. (© ANNABURGER Nutzfahrzeug GmbH)

BERGMANN

Ludwig Bergmann gründete 1896 in Goldenstedt eine Fabrikation für Landmaschinen. Seine Söhne Franz und Herrmann traten 1922 in den väterlichen Betrieb ein, der in diesen Jahren hauptsächlich für seine Dreschmaschinen bekannt war. Zwischen 1940 und 1950 ergänzten zunächst Korngebläse, dann auch Heu- und Strohgebläse das Produktprogramm. Bis 1953 konnte Bergmann sich im Segment der Kartoffelroder zum Marktführer vorarbeiten. In den folgenden Jahren begann die Firma auch Stalldungstreuer und Anhänger zu fertigen und entwickelte sich zu einem Spezialisten für Streutechnik, Lade- und Silierwagen. 1976 übernahm der Enkel des Firmengründers – er hieß ebenfalls Ludwig mit Vornamen – den Betrieb im Oldenburger Münsterland. Seine Witwe führt den Betrieb seit 2008, und die weitere Nachfolge des Familienbetriebs ist gesichert.

Daher produziert die Firma Bergmann in Goldenstedt mit rund 150 Mitarbeitern auch heute noch Ladewagen und Streutechnik, Häckseltransportwagen, Wechselsysteme (die eine wahlweise Nutzung mit Aufbaustreuer, Häckselaufbau, Wannenkipper und Tankaufbau gestatten), Überladewagen, Rübenreinigungswagen sowie Aufbauten für Selbstfahrer von Holmer und Streuer, Häcksel-Aufbauten, Güllefässer und Kippmulden für normale Lkw-Fahrgestelle. Die Anhänger werden in über 50 Länder exportiert, effiziente Agrarlogistik ist schließlich weltweit ein Thema. Darüber hinaus werden ständig neue Lösungen im Bereich der digitalen Landtechnik entwickelt und Ideen zur Optimierung der Maschinenleistungen umgesetzt.

Briri Dungstreuer der E-Serie: Gesamtgewichte von sieben bis elf Tonnen, bei den beiden schwersten Modellen verfügt das Tandemfahrwerk über eine Ausgleichswippe. (© Briri GmbH Riepenhausen Maschinenbau)

Bergmann bietet verschiedene Aufbauten für selbstfahrende Trägerfahrgestelle an: Häcksel-Aufbauten, Güllefässer, Kippmulden. Dieser Holmer 500 trägt einen Bergmann Universalstreuer mit einem Aufbauvolumen von 19 bis 26 m³. Der Kratzboden arbeitet stufenlos hydraulisch und verfügt über eineSchnellentladefunktion. (© Ludwig Bergmann GmbH)

Beim Briri Multi-Line P-16 Double handelt es sich um einen typischen Gülletankwagen. Das Fass ist 5,70 m lang und hat einen Querschnitt von 1,90 m. Das zulässige Gesamtgewicht liegt bei 24 t. Ebenfalls mit an Bord: ein 15-m-Schleppschuhverteiler am Heck, der (aufpreispflichtige) Einfülldom zur Fremdbefüllung oben am Bug sowie die ferngesteuerte Andockwippe mit Schriftzug an der Deichsel. (© Briri GmbH Riepenhausen Maschinenbau)

Den Field Master mit elektrohydraulischer Zwangslenkung liefert Briri mit Fässern von 12.000 bis 20.000 Litern. Das Tandem-Fahrwerk ist auch mit Luftfederung zu haben. (© Briri GmbH Riepenhausen Maschinenbau)

Briri bietet eigene Schleppschlauchgestänge mit bis zu 27 Meter Arbeitsbreite an, auf Wunsch auch Vogelsang-Gestänge mit bis zu 36 Metern. (© Briri GmbH Riepenhausen Maschinenbau)

Es gibt verschiedene Möglichkeiten der Gülleausbringung, bei großen Flächen erfolgt das über Schleppschuh- oder Schleppschlauchverteiler. Beide werden über die Erde gezogen. Der Schleppschuhverteiler verfügt über Kufen an den Schlauchende, die sich in die Erde eingraben, Schleppschläuche werden über den Boden gezogen. Doch welches Gestänge auch immer: BSA bezieht seine Verteilgeräte von Hersteller Vogelsang; Anpassung und Montage erfolgen dann im Haus. (© BSA GmbH)

Die Fässer der Pumptankwagen entstehen bei BSA im Hand-Laminier-Verfahren aus Glasfaser und Gewebematten. So lassen sich unterschiedliche Wandstärken realisieren. (© BSA GmbH)

BSA Kombitankwagen mit Drehschemel fassen 18.000 bis 24.000 Liter. Diese Transporttankwagen verfügen über Vakuumtechnik und können auch per Exzenterschneckenpumpe befüllt werden. (© BSA GmbH)

BSA ist Pionier im Bau von Kunststoff-Fässern. Das 1961 gegründete Unternehmen gehört zur österreichischen Bauer-Gruppe. (© BSA GmbH)

Beim BSA Mammut Liner mit 24.000-Liter-Behälter sind die erste und die dritte Achse lenkbar. Die Tandempumpe kommt auf eine Durchflussmenge von 8000 l/min. (© BSA GmbH)

BRIRI

Am Anfang der Firma Briri steht, einmal mehr, die obligate Dorfschmiede. Die befand sich in Bawinkel im Emsland und gehörte einem Herren Brink. 1880 war das, und rund 75 Jahre später heiratete der Schmiede- und Hufbeschlagmeister Alfons Riepenhausen in den Betrieb ein, womit zum »BRI« sich ein »RI« gesellte. Zeittypisch stellte man dann auf den Landmaschinenhandel um und baute daneben – wir sind Mitte der 1960er – erste Anlagen wie Ballenförder- und Mischanlagen auf. In den 1970ern dann entstanden, zunächst nur vereinzelt, Gülleanhänger. Die folgenden Jahrzehnte brachten ein stetiges Wachstum; wie BSA in Bayern gehörte die Firma zu den wenigen Betrieben, die sich auf Gülletechnik konzentrierten. Um die Jahrtausendwende umfasste das Produktportfolio neben Grüppenfräsen und Kehrmaschinen vor allem Güllewagen, -verteiler und -werke. Und spätestens mit Übernahme der Stalldungstreuer von Kemper zur Festmistausbringung wurde der Betrieb zum Vollsortimenter in Sachen organischer Düngung. Außerdem entstanden nun auch Silo-Transportanhänger, später dann Gülletransportwagen. Das Produktportfolio umfasst Gülletechnik mit Volumina zwischen 7000 und 31.000 Litern, Abfüllanlagen und Verteilertechnik; Dungstreuer gibt es in Größen zwischen sechs und 15 Kubikmetern.

BSA

Der fahrzeugaffine Leser denkt bei BSA in erster Linie an die gleichnamige britische Motorradmarke, während ein bayerischer Lokalpatriot damit eventuell die »Bayreuther Schwemmmistanlagen« Maschinenfabrik Paul Langer assoziiert. Die wurde 1961 gegründet und kümmerte sich von Anfang an, zunächst auf regionaler Ebene, um die Produktion und den Vertrieb von Gülletankwagen und Stallanlagen in Münchberg / Oberfranken. Wobei »Fabrik« klingt vielleicht etwas hochtrabend, das Unternehmen war ein Zweimann-Betrieb, der allerdings von Anfang auf die richtige Nische gesetzt hatte: Gülle, Mist und Dung sind nicht nur Beiwerk der Milchviehhaltung, sondern auch hervorragender Dünger und letztlich ein Wirtschaftsgut. Paul Langer konnte, dank des richtigen Riechers, seine Gülletankwagen und Stallanlagen später dann europaweit verkaufen. In den 1970er-Jahren wurde das Herstellprogramm um Melk- und Fütterungstechnik erweitert, während gleichzeitig in den Bereichen Vertrieb und Marketing eine Kooperation mit der schwedischen Firma DeLaval begann. 1978 siedelte die Produktionsstätte ins oberfränkische Marktschorgast um, wo sie sich heute noch befindet. Mit einer rund 100-köpfigen Belegschaft entsteht so ziemlich alles, was für ein erfolgreiches Güllemanagement erforderlich ist. Denn bei der Ausbringung muss die Gülle gleichmäßig durchmischt sein, das heißt: Flüssigkeit und Feststoffe müssen das richtige Verhältnis aufweisen, denn nur dann kann der Dünger im Boden seinen Nährstoffreichtum entfalten. Dazu braucht es besonderes Gerät, Güllefässer, -mischer und -verteiler, und so weiter – Güllelogistik ist eine Wissenschaft für sich, um so mehr, als inzwischen ganz deutlich zwischen »Gülletransport« (auf der Straße) und »Gülleausbringung« (also auf dem Acker) unterschieden wird. In beiden Fällen kennt man sich bei BSA bestens aus und hat dafür Exzenterschneckenpumpen, Pump- und Vakuumtankwagen, Verteiltechnik und Stationärpumpen im Programm, dazu Futterstationen, Melkkarusselle und Aufstallungsprodukte. Der Betrieb gehört, ebenso wie die Eckart Maschinenbau (Gülle-, Beschickungs- und Mischtechnik) und BAUER-Selbstfahrtechnik (Gülle-Selbstfahrer), seit 2007 zur Unternehmensgruppe Bauer in Voitsberg/Österreich.

CLAAS

Natürlich hat auch der Landwirtschaftsgigant aus Harsewinkel in seinem Produktportfolio ein umfassendes Sortiment an Ladewagen und Co. Die Kombi- und Häckseltransportwagen, die das geschnittene Gras aufnehmen und abtransportieren, entstehen am Claas-Standort Bad Saulgau (wo bis 1969 Traktorhersteller Bautz produzierte). Der Landmaschinenhersteller aus Oberschwaben hatte 1965 den ersten Ladewagen (»Autonom«) vorgestellt, und diese Produktsparte wurde auch nach der Übernahme gepflegt und ausgebaut (im Gegensatz etwa zu den Dreschmaschinen, die wurden eingestellt). Anfang der 1980er Jahre wurde dort mit dem »Sprint« einer der ersten leistungsfähigen Silierwagen entwickelt. Auch der »Quantum«-Ladewagen von 1998 setzte neue Maßstäbe, elf Jahre später sorgte Claas dann mit dem Kombiwagen »Cargos« für Furore. Bei dem konnten Lade-, Schneide- und Dosierwalzenaggregat komplett ausgebaut werden. In den folgenden Jahren wurde die Ladewagen-Baureihe vergrößert und verfeinert. Die beiden Kombiwagen-Baureihen Cargos 8000 und 9000 umfassen jeweils drei Modelle (Tandem oder Tridem) mit Ladevolumen zwischen 30 und 50 m^3. Claas beschäftigt in Bad Saulgau rund 275 Mitarbeiter und fertigt dort nicht nur die Cargos-Wagen, sondern auch weitere Erntetechnik wie etwa die »Disco«-Mähwerke. Das Produktionsende der Cargos-Wagen scheint aber beschlossen zu sein.

ECKART

Am Anfang der heute zur Bauer-Gruppe gehörenden Firma steht eine kleine Firma, die Josef Eckart 1921 in Landshut gründete, um Windturbinen und Pumpen für Zisternen, Beregnungsanlagen und Brunnen zu produzieren. Hier stellten sich rasch Erfolge ein, am Vorabend des zweiten Weltkriegs hatte Eckart bereits 40 Mitarbeiter in Lohn und Brot. Zehn Jahre später war das Unternehmen wieder einsatzbereit und versorgte die Bauernschaft des wirtschaftswunderlichen Bayerns mit Ackerwagen, Autokranen und Dunggreifern, gefolgt von– man hatte ja genügend Erfahrung mit Pumpentechnik – Förderschnecken-Entmistung und Vakuum-Güllewagen. Nach dem Generationswechsel 1959 florierte die Firma weiterhin, expandierte und verlagerte 1973 einen Teil der Produktion in die Nähe von Deggendorf. Zwanzig Jahre später – inzwischen gehörte man zu den Spezialisten für den Bau von Kunststoff-Fässern – reichte der Platz nicht mehr aus und zog erneut um. Das neue Gelände in Altdorf bei Landshut hatte einen eigenen Gleisanschluss – eine weise Entscheidung, denn nachdem 2003 Eckart von der steirischen Bauer-Gruppe übernommen wurde, nahm das Frachtvolumen zu: Die Güllefässer und Pumpen sind seit dem gefragter denn je, Eckart baut sie für die gesamte Gruppe.

Beim Cargos-Kombiwagen lassen sich das Lade- und Schneidaggregat in 15 Minuten abbauen, was die Nutzlast erhöht. (© CLAAS KGaA mbH)

Claas deckt fast alle Aspekte in Sachen Landwirtschaftstechnik ab. Daher stehen nicht nur Traktoren und Erntemaschinen im Programm, sondern auch Transporttechnik. Das 2009 gestartete Ladewagenprogramm läuft unter der Bezeichnung »Cargos« und umfasst Anhänger mit Tandem- und Tridem-Achsaggregat. (© CLAAS KGaA mbH)

Der Servant 3000 steht am Anfang der Fertigung von Kunststoff-Fässern bei Eckart. (© Eckart Maschinenbau GmbH)

Eckart gehört wie BSA zur Bauer-Gruppe, das Programm ist ähnlich. Im Bild ein Gülletankwagen »Lupus«. (© Eckart Maschinenbau GmbH)

Steyr 6135 Profi mit Fliegl TMK bei der Maisernte. (© HCQ, cc-by-sa 3.0)

Großtanker: Das Dreiachs-Sattel-Transportfass STF 30000 Truck Line TOP von Fliegl kann bei einem Leergewicht von ca. 5,9 t rund 30.000 Liter Gülle transportieren. (© Fliegl Agrartechnik GmbH)

Fliegl fertig nicht nur Sattelanhänger und dergleichen: Das Produktprogramm umfasst alle Arten von Anhängern, die in der landwirtschaftlichen Praxis benötigt werden – wie dieses Flaggschiff der Tiertransporter-Serie, den Noah: ein Einachser mit 10 t Gesamtgewicht. (© Fliegl Agrartechnik GmbH)

Für Schüttgüter bietet Fliegl die ASS-Abschiebe-Sattelauflieger an. Es gibt sie in Aluminium- und Stahlbauweise. (© Fliegl Agrartechnik GmbH)

FLIEGL

Landläufig hieß es immer, Bauern seien sture, schwerfällige Denker und Innovationen wenig aufgeschlossen. Josef Fliegl hat das Gegenteil bewiesen. Es ist gerademal 50 Jahre her, dass er den 25 ha großen Bauernhof seiner Eltern im niedersächsischen Kastl übernahm, er war noch keine 30 Jahre alt. Und weil er ein findiger Kopf war und ehrgeizig noch dazu, begnügte er sich nicht damit, den Hof in Schuss und den Betrieb am Laufen zu halten, sondern begann bald mit dem Landmaschinenhandel. So weit, so bemerkenswert, aber nicht wirklich sensationell. Das sollten erst die folgenden Jahre werden: Fliegl, wiewohl gut beschäftigt, absolvierte ab 1973 zusätzlich noch eine Lehre als Maschinenbauer, brachte es in rekordverdächtigen drei Jahren zum Meisterbrief und begann, Fahrgestelle mit Kipper- und Güllefassaufbauten zu versehen, entwickelte und baute Schwergrubber für Stoppelbearbeitung und Saatbeetbereitung und stieg 1982 in den Bau von speziellen Betonmischern ein. Die waren in erster Linie für die Landwirtschaft gedacht, denn die Betriebsgrößen wuchsen und erforderten neue, größere Wohn- und Wirtschaftsgebäude. Mit dem Fliegl-Mischer ließ sich nicht nur Mörtel mixen, sondern auch alle anderen Güter anmischen, die auf den Höfen gebraucht wurden. Fliegl entwickelte für seinen »Mischmeister« anschließend auch eine innovative Füllautomatik; das Pendant für die Bauwirtschaft war der »Duplex-Mischer«.

In den Neunzigern umfasste das Produktprogramm Kipper, Staplergabeln, Ballentransportgeräte, Frontladerzubehör und Schnellwechselrahmen für Land- und Bauwirtschaft wie auch das Transportgewerbe, brachte 1995 den Schneckenverteiler »Garant« für die bodennahe Gülle-Ausbringung und überrascht zur Jahrtausendwende die Fachwelt mit dem Abschiebewagen »Gigant«. Diese Abschiebetechnik sorgte für Furore, später brachte Fliegl dann für Abschiebewagen ein Streuwerk mit vollautomatischer Regelung für Abschiebewagen. Das erlaubte eine gleichmäßigere Ausbringung von Festmist und Kompost. Fliegl-Anhänger eroberten inzwischen auch die Straße. Nach der Wende übernahmen Vater und Sohn Fliegl von der Berliner Treuhandbehörde den ehemaligen VEB Landtechnisches Instandsetzungswerk (LIW) im thüringischen Triptis und bauten den maroden Staatsbetrieb zur Fertigungsstätte von LKW-Anhängern aus; zunächst mit breiten Tandemanhängern bis 10,99 t Gesamtgewicht, später dann Pritschen- und Container-Auflieger in allen nur denkbaren Varianten: zwei- und dreiachsige Drehschemelanhänger, Curtainsider, vierachsige Schubboden-Auflieger mit einer innen mittlaufenden Schiebewand – Fliegl stieg rasch zu einem der führenden europäischen Anhängerproduzenten auf. Für die Landwirtschaft von besonderem Interesse waren Kühl- und Trockenfrachtauflieger sowie ein spezieller zweiachsiger Tieflader für Mähdrescher mit entsprechenden Radmulden, um die Höhenbegrenzung einzuhalten. Fliegl stieg 2006 auch in die landwirtschaftliche Biogaserzeugung ein und begann mit der Fertigung von Dosieranlagen und Biogas-Abschiebe-Containern, brachte neue Gülletechnik und belieferte Russland mit gigantischen 30.000-Liter-Güllefässern und entsprechend angepasster Ausbringtechnik.

AGRAR-TRUCKS

Den Generationswechsel und die folgende Neuordnung der stark gewachsenen Firmengruppe in den Jahren zwischen 2005 und 2009 vollzog die Eigentümerfamilie in geradezu vorbildlich geräuschloser Weise, die Fliegl-Gruppe hat ihre landwirtschaftlichen Aktivitäten in der Sparte »Fliegl-Agrartechnik« (Abschiebewagen, Überladeschnecken, Überladestationen, Schubboden-Sattelauflieger, Abrollmulden und Abrollcontainer für Hakenliftanhänger, Tandem- und Tridem-Abrollkipper sowie spezielle Wiegeeinrichtungen und elektronische Steuerungen) gebündelt.
Produziert werden inzwischen auch Biogasanlagen, und seit 2010 gibt es auch die »Fliegl Forst- und Holztechnik« zur Produktion und Vertrieb von Forstgeräten, von Holzhackschnitzel-Bunkerbefüllern und dergleichen mehr. Hauptsitz der Fliegl Agrartechnik ist Mühldorf am Inn, auf dem 30 Hektar großen Areal produziert Fliegl in vier Fertigungslinien Abschiebewagen, Biogastechnik, Güllefässer und Kipper. Mehr als 350 Mitarbeiter fertigen pro Jahr rund 4000 Fahrzeuge. In Sachen Agar-Anhänger und -logistik ist Fliegl heute unbestrittener Marktführer.

GMB GÜSTROWER

Die GMB Güstrower Maschinenbau GmbH, ursprünglich um 1900 als Maschinenfabrik Lythall gegründet und ab 1952 dann zum VEB Maschinenbau Güstrow umgewandelt und später dem Weimar-Kombinat zugeordnet, entwickelte sich zu DDR-Zeiten zu einem der wichtigsten Zulieferbetriebe für den Landmaschinenbau und übernahm, auf Weisung von oben, 1970 den Bau eines Düngerstreuer-Aufsatzes für Lkw. Seit 1978 gehörte das Unternehmen zum Kombinat Fortschritt und hatte zu seiner Blütezeit Mitte der Achtziger rund 2000 Mitarbeiter, produzierte an zwei Standorten und avancierte zum größten Maschinenbauer Mecklenburg-Vorpommerns. Die Wende brachte das Ende, die Güstrower wurden privatisiert und mussten sich rapide verkleinern. Dennoch konnten sie sich als Spezialbetrieb für Düngetechnik und Großflächenstreuer etablieren. Hauptabsatzmarkt war Russland, doch nach der russischen Annexion der Krim 2014 brachen die Umsätze weg. Es folgte die Insolvenz und 2016 die Wiederauferstehung unter neuem Namen (»GMB Güstrower Maschinenbau GmbH«). Seit 2021 gehört das Unternehmen zum niederländischen Hersteller Duport, der den Markennamen »Güstrower« für Überladewagen und Großflächendüngerstreuer weiterhin nutzt.

KEMPER

1908 gegründet, begann der Landmaschinenhersteller 1950 mit der Herstellung des ersten Stalldungstreuers, gefolgt von Rübenvollerntern, Ladewagen, Stalldungstreuern, Siloanlagen und Mähern. Danach verlegte er sich dann aber in den Sechzigern auf die Fertigung von Maishäckslern und -gebissen. Erster Meilenstein auf diesem Segment war der »Mais Wolf«, ein gezogener, einreihiger Häcksler. Damit war Kemper zwar in Sachen Innovation ganz weit vorne, doch in seiner bisherigen Form war der Wolf maximal ein Welpe. Die Maschinenfabrik aus dem Münsterland geriet aber im Sog der Landwirtschaftskrise der frühen Siebzigern in Schwierigkeiten und musste Konkurs anmelden.

GMB ist als einziger Hersteller in der Lage, jeden Agrar-Lkw mit einem kundenspezifischen Aufbau auszustatten. Die Marke gehört seit 2021 vollständig zum niederländischen Landmaschinenhersteller Duport. (© Daimler Truck AG)

Anfangs mit starrem Walzenstreuwerk, später auch mit Streuzinken versehen, fuhren die Streuwerke hinten quer an der Ladung entlang und frästen den Mist gleichmäßig ab. (© Maschinenfabrik Kemper GmbH)

Festmiststreuer sind zum Transport und Verteilen von Kompost und Stalldung gedacht. Dieser einachsige Standard-Stalldungstreuer mit zwei liegenden Schneckenstreuwalzen und (optionalem) vorderen Ladegatter ist auf ein Gesamtgewicht von 5,7 t ausgelegt; wobei auf das Streuwerk fast 0,4 t entfallen. (© Foto: 4028mdk09 / cc-by-sa 3.0)

Kotte-Tankanhänger mit Vorderwagen (TAV) gibt es mit Behältergrößen von 22 m^3 bis 28 m^3 und Gesamtgewichten bis 34 t.

(© Kotte Landtechnik GmbH)

Feldrandcontainer verfügen über ein hydraulisch höhenverstellbares Fahrwerk und sind daher leicht umsetzbar. Sie dienen als Zwischenlager am Feld, man kann sie natürlich aber auch als Wasserspeicher nutzen. (© Kotte Landtechnik GmbH)

Die Muldenkipper der Big-Body-Serie gehören zu den Bestsellern im Krampe-Programm. Die Anhänger mit der Serien 8 und 9 verfügen über Tridem-Achsen, die kleineren über Tandem-Fahrwerke. Flaggschiff unter diesen dreiachsigen Muldenkippern ist der 980 mit 34 t Gesamtgewicht und 50 m^3 Behältervolumen. Das Zugfahrzeug muss mindestens 200 PS leisten.

(© Krampe Fahrzeugbau GmbH)

Typischer Kemper-Hänger, wie er überall anzutreffen ist. Dieser Typ E 6000 ist Baujahr 1997 und somit aus dem Jahr, als Kemper an John Deere ging. (© Wolfgang H. Gebhardt)

Namen und Teile der Produktion gingen 1975 in der neu gegründeten Kemper GmbH auf, man konzentrierte sich nun ganz auf die Erntetechnik (da war man führend). In den 1980ern erschienen die ersten mehrreihigen Anbauhäcksler, dazu Selbstfahrhäcksler mit drei Metern Arbeitsbreite (was die Ernte von vier Reihen gleichzeitig ermöglichte). Die weiteren Entwicklungen brachte Erntevorsätze mit stetig wachsenden Arbeits- und Reihenbreiten, 2020 stellte Kemper sogar als Studie den weltweit ersten Mähvorsatz mit 20 Reihen vor. Kemper gehört seit 1997 zu John Deere, den Bau der einst weit verbreiteten Ackerwagen und Kipper hat man zugunsten der Fertigung von Mähvorsätzen und Anbauhäckslern immer weiter reduziert. 2004 übernahm die Firma Briri aus dem emsländischen Bawinkel die Fertigung der Kemper Stalldung- und Kompoststreuer; seit 2009 läuft auch die Ersatzteilversorgung für Kemper-Wagen über Briri. Kemper hingegen produziert mit rund 300 Mitarbeitern fast nur noch Mähvorsätze und Anbauhäcksler.

KOTTE

Die Firma Kotte, nach eigenen Angaben »führender deutscher Hersteller und einziger Komplettanbieter für Gülle- und Transporttechnik«, existiert in der bisherigen Form seit 1967, geht aber zurück auf einen Böttcherbetrieb von 1892: Böttchermeister Josef Kotte fertigte im Örtchen Rieste Holzfässer und Bottiche für alle möglichen Zwecke. Die zweite Kotte-Generation trat 1935 an und widmete sich vermehrt dem Handel mit landwirtschaftlichem Gerät, die dritte übernahm den Staffelstab 1960. Sie baute die Firma weiter aus und stellte 1967 in einem eigenen Betriebsteil den ersten Güllewagen her. Die Gülletechnik sollte sich zum wichtigsten Standbein des Familienbetriebs entwickeln, der auch weiterhin im Landmaschinenhandel tätig war. Seit 1998 leitet Dr. Stefan Kotte, der Urenkel des Firmengründers, die Geschicke der Firma. In jüngster Zeit haben die Niedersachsen die Zusammenarbeit mit dem niederländischen Gülle-Spezialisten Frans Vervaet intensiviert; beide Partner sprechen von einer »strategischen Zusammenarbeit im Bereich Gülle-Selbstfahrer«. Kotte übernimmt den Vertrieb der Gülle-Selbstfahrer in Deutschland und einigen osteuropäischen Ländern. Seine Selbstfahrer bietet Vervaet seit den Neunzigern an, es gibt sie mit drei (Hydro Trike) oder fünf Rädern (Hydro Trike XL).

Dieser BB800 hat ein Transportvolumen von 26,9 m^3 - 41,0 m^3, je nach Ladung. (© Krampe Fahrzeugbau GmbH)

KRAMPE

Zu den festen Größen im Anhängerbau gehört Krampe, denn die BigBody-Tandem- und Tridem-Anhänger mit ihren charakteristischen Mulden kennt jedes Kind – und das ist durchaus wörtlich zu verstehen: Viele Modellauto-Hersteller haben neben ihren Traktoren auch passende Krampe-Anhänger im Angebot.

Am Anfang der inzwischen über 100 Jahre andauernden Firmengeschichte steht ausnahmsweise mal keine Dorfschmiede, sondern der Elektromeister August Krampe, der nach dem verlorenen Krieg sich daran machte, seinen Nachbarn im westfälischen Coesfeld-Lette von den Vorzügen des elektrischen Stroms zu überzeugen. Das mit dem Strippenziehen klappte so gut, dass – und da kommt sie nun doch ins Spiel – 1921 eine Schmiede angegliedert werden musste. Nach dem

nächsten Krieg gab es zwar nun überall Strom, jetzt aber fehlte es den Landwirten im Umkreis an Zugvieh für die Feld- und Transportarbeiten. Also überzeugte der findige Herr Krampe sie von den Vorzügen eines Traktors und begann 1949 mit dem Verkauf von 12-PS-Schleppern von Deutz-Fahr. Wie man damit umging, brachte Krampe ihnen bei der Gelegenheit bei, und den Sprit verkaufte er auch gleich noch mit. Einige Geschäftserweiterungen später – wir schreiben das Jahr 1981 – fragten die Münsterländer Bauernschaft beim Landmaschinenhändler ihres Vertrauens nach günstigen Anhängern für ihre Traktoren. Krampe hatte zwar keine, aber Ideen und begann, eigene zu bauen – und schlachtete dafür Schrott-Lkw aus. So entstanden die ersten Einachs-Anhänger. Der Rest ist, wie man so schön sagt, Geschichte, im Detail nachzulesen auf der Hompepage der Firma Krampe Fahrzeugbau.
Seinen hervorragenden Ruf in der Land- und Bauwirtschaft verdankt der münsterländer Familienbetrieb seinen Wannenkippern mit ein bis drei Achsen, den BigBody-Kippern. Es gibt sie in verschiedenen Volumina, Längen und Ausführungen, als Seiten- und Hinterkipper, mit und ohne Plane. Neben seinen Wannenkipper deckt Krampe inzwischen mit dem Rollbandwagen Bandit, Schubboden-Kippsattelanhängern, Hakenliftanhängern und Erdbaumulden das ganze Spektrum an Fahrzeugen für die Land-, Bau-, Entsorgungswirtschaft und den Kommunalbereich ab. Und auch die letzte große Lücke im Angebots-Portfolio wurde mittlerweile geschlossen: 2022 hat Krampe seinen ersten Abschiebewagen ins Programm genommen.

Mit dem AS 750 bietet Krampe seit 2022 erstmals einen Wannenkipper als Abschiebewagen an. (© Krampe Fahrzeugbau GmbH)

Abschiebung mit dem RamBody

Abschiebewagen – Fliegl wie auch Brantner bieten sie schon länger an – kommen überall zum Einsatz, der Platz oder Höhe nicht ausreichten, um Grassilage, Mais, Kartoffeln, Rüben oder andere Transportgüter abzukippen. Erster Vertreter der neuen Produktreihe ist der RamBody AS 750 mit 41,1 m³ Transportvolumen und einem zulässigen Gesamtgewicht von 22 t. Optional ist eine Auflastung auf 24 t, Krampe verbaut 13-Tonnen-Achsen von BPW (Bergische Achsen KG) aus Wiehl bei Köln, daher ist das kein Problem. Die Nutzlast reicht von 13,7 bis 15,7 t, und wenn der RamBody immer schön auf dem Firmengelände verkehrt, dürfen ihm sogar 22 t aufgebürdet werden. Weitere RamBody-Modelle sind schon geplant. Krampe ist nunmehr bereits in vierter Generation ein Familienbetrieb und produziert seit 2009 auf und in einem ehemaligen Kasernengelände in Coesfeld-Flamschen. Dort fertigen rund 160 Mitarbeiter etwa 1000 Anhänger/ Fahrzeuge pro Jahr, nicht wenige davon nach Kundenwunsch – denn Krampe versteht sich nicht als Volumen-, sondern als Individualhersteller.

MASCHINENFABRIK BERNHARD KRONE

1906 erbten Schmiedemeister Bernhard Krone und seine Frau Anna eine kleine Landwirtschaft und ein Gasthaus im emsländischen Spelle. Deshalb verließen sie ihren Wohnsitz in Ochtrup, wo Bernhard Krone schon seit 1897 als selbstständiger Schmied tätig war, und zogen nach Spelle. Während sich Anna Krone um die kleine Land- und Gastwirtschaft kümmerte, baute Bernhard Krone in Spelle eine Dorfschmiede auf. Sein handwerkliches Geschick sprach sich schnell herum, und so gehörten bald nicht nur die Bauern aus Spelle, sondern auch aus den Nachbarorten zu seinen Kunden. Nachdem Vater Krone gesundheitsbedingt sich zurückziehen musste, übernahmen seine beiden Ältesten, die Söhne Bernard und Heinrich zu Beginn der Zwanziger die Leitung des elterlichen Betriebes. Das Duo bewies großes Geschick, verfügte über einen imponierenden Ideenreichtum – sie entwickelten eine Weidetränke, die das Tier selbst betätigen konnte – und das notwendige Geschick, um die selbst konstruierten kleineren landwirtschaftlichen Maschinen auch tatsächlich erfolgreich produzieren und vermarkten zu können – kein leichtes Unterfangen angesichts der schlechten Zeiten, die von Hyperinflation und Wirtschaftskrisen gekennzeichnet war. Als zweites Standbein übernahm Krone 1935 dann die Regionalvertretung für Lanz-Traktoren, wobei es eigentlich nicht überrascht, dass Krone zum erfolgreichsten Verkäufer von Lanz-Bulldogs in ganz Deutschland avancierte.
Letztlich entwickelte sich die Auftragslage so gut, dass sie die Kapazitäten der Speller Fabrik überstieg, und kaum dass die dritte Familiengeneration das Steuer übernahm, erwarb man 1963 in Werlte ein Grundstück, auf dem ein Zweigwerk entstand. Hier nahm Krone zunächst die Produktion von landwirtschaftlichen Anhängern, Stalldungstreuern wie dem »Optimat« mit umlaufendem Kratzboden, Plattformwagen und Kippanhängern auf, und hier fertigte Krone auch mit dem »Alleslader« seinen ersten Ladewagen zum selbstständigen Be- und Entladen von Gras, Stroh, Heu und Silage; der erste Dreiseitenkipper kam 1973. Doch auch erfolgreiche Firmen sind nicht immun gegen Marktturbulenzen; weil die Nachfrage auf dem Landwirtschaftssektor stetig zurückging, begann Krone, das Werk in Werlte auf Anhänger und Auflieger für den Straßengütertransport umzustellen. Produktionskompetenz und Einkaufs-Knowhow für Anhänger waren vorhanden und der Markt für Fahrzeuge und Transportbehälter für den Straßentransport boomte. So entstand das zweite Standbein – die Nutzfahrzeugproduktion. In Sachen Landwirtschaft konzentrierte sich Krone zunehmend auf die Grünfutterernte und stellte 1977 die erste Rundballenpresse vor. Nach einem ersten Anlauf in die Selbstfahrerproduktion (der Selbstfahrer »Tillage Trac« entzückte zwar 1984 auf der

Das Kürzel »GX« steht bei Krone für Universal-Ladewagen. Dieser GX 520 verfügt über die typische abgesenkte Bordwand, was die Beladung (hier durch den Grimme Rexor 630) erleichtert. (© Maschinenfabrik Bernard Krone GmbH)

GX-Wagen gibt es in den Ausführungen 440 und 520. Die Ziffern bezeichnen das Fassungsvermögen in m^3. (© Maschinenfabrik Bernard Krone GmbH)

Ob Lindner, Deutz oder Fendt, ob John Deere, JCB oder Claas: Krone hat ein umfassendes Angebot an Transporttechnik zu bieten. Dazu gehören Rundballenpressen, Ballenwickler, Großpackenpressen und nicht zuletzt auch Lade- und Häckseltransportwagen. (© Maschinenfabrik Bernard Krone GmbH)

Der Häckseltransportwagen »TX« hat einen nach vorne hin abgesenkte Kratzboden, der das Fassungsvermögen erhöht – im Spitzenmodell auf bis zu 56 m^3.
(© Maschinenfabrik Bernard Krone GmbH)

Kröger verwendet ausschließlich Hakenlift-Systeme von Meiller und integriert diese ohne Hilfsrahmen in das Chassis. Die silberne Stange am Heck ist ein Unterfahrschutz.
(© Peter Kröger GmbH)

Plattformanhänger sollen Quader- und Rundballen, Heu oder Stroh sicher und schnell über Feld und Straße transportieren. Dieser Dreiachser – Typ PWO 24 – darf bei einem Eigengewicht von knapp 5 t auf der nahezu 10 m langen Pritsche gut 19 t zuladen. Schön zu sehen: die (abgeklappte) Ballentransportsicherung, die optional angeboten wird
(© Peter Kröger GmbH)

Ein Dreiseitenkipper ist und bleibt für den Transport landwirtschaftlicher Schütt- und Stückgüter unverzichtbar. Kröger baut Zwei- und Dreiachser von 14 bis 24 t Gesamtgewicht. (© Peter Kröger GmbH)

DLG die Fachwelt, ließ aber das Publikum völlig kalt) baute Krone das Grünland-Programm zielstrebig weiter aus, brachte Kreiselschwader und -zettwender, Großpackenpressen (»Big Pack«), Press-Wickelkombinationen (»Combi Pack«), die Non-Stop Rundballen-Press-Wickelkombination »Ultima«, den Pellet-Vollernter »Premos« und dergleichen mehr. Darüber hinaus bietet Krone – inzwischen in vierter Generation – für alle landwirtschaftlichen Lade- und Transportzwecke geeignete Anhänger. Ein weiteres Standbein dieses Betriebsteils sind die Großflächenmäher und Feldhäcksler, die ab den 2000ern angebotenen Selbstfahrer der Big-M- und Big-X-Familie.

PETER KRÖGER GMBH

Wie so viele Erfolgsgeschichten in der Landwirtschaft beginnt diese in einer kleinen Dorfschmiede. In diesem besonderen Fall befand sich diese im Oldenburger Münsterland, das Örtchen heißt Rechterfeld. Dort machte sich der junge Schmiedemeister Hans Kröger im Jahre 1958 selbstständig, schmiedte, schweißte und hämmerte, was gerade so anfiel. Außerdem baute er, ursprünglich weil die Landwirte aus der Nachbarschaft so etwas benötigten, erste Traktoranhänger und begann dann in den 1970er Jahren auch mit dem Handel von Landmaschinentechnik.

1984 stieg dann Peter Kröger, Jahrgang 1962, in den Familienbetrieb ein und erweiterte den Anhängerbau. Der wurde im Jahr 1993 allerdings aus Lohnkostengründen nach Polen ausgelagert, was dem Anhängerbau – neben dem Einstieg in den Lkw-Handel – die Zukunftsfähigkeit sicherte. Im Juli 2013 wurde ein Zulieferer aus dem Emsland übernommen, wo Kröger seitdem eine Niederlassung unterhält. Hier werden aktuell Abschiebewagen und Hakenliftanhänger montiert. Der Familienbetrieb beschäftigte mittlerweile rund 60 Mitarbeiter. Da die technischen Anforderungen an landwirtschaftliche Anhänger im Laufe der Jahre stetig zunahmen, insbesondere durch höhere Transportgeschwindigkeiten und zulässige Gesamtgewichte, stiegen auch die Anforderungen an die Fahrzeugtechnik. Schnellläufertechnik war nun auch zunehmend in der Landwirtschaft gefragt. Kröger reagierte darauf 1996 mit Einführung der Marke »agroliner«, sie steht inzwischen für eine ganze Produktgruppe in der Transporttechnik für die Agrarwirtschaft. Dazu zählen etwa der 18-t-Dreiseitenkipper, Muldenrückwärtskipper, Abschiebewagen oder der Ballentransportwagen. Durch sinnvolle Innovationen – etwa den Einsatz von hochfesten Stählen – und Sonderausstattungen hat Kröger die Einsatzmöglichkeiten für die Anhänger deutlich erweitert.

Neben dem Produktprogramm für die Landwirtschaft hat Kröger unter der weiteren geschützten Eigenmarke »terraliner« ein Angebot an Anhängern für die Bauwirtschaft entwickelt. Zum Portfolio gehören unter anderem Schwerlastmuldenkipper und Hakenliftanhänger für Containertransporte. Die gesamte Produktpalette im Fahrzeugbau bietet inzwischen über 30 unterschiedliche Modelle, die je nach Kundenwunsch individuell konfiguriert werden können. Aktuell beträgt die Fertigungskapazität bis zu 1.000 Fahrzeuge pro Jahr, 95 % der ausgelieferten Fahrzeuge verbleiben im deutschsprachigen Raum.

KARL MENGELE & SÖHNE

1871 gründete Andreas Eisenlauer in der bayerischen Kreisstadt Günzburg an der Donau eine kleine Reparaturwerkstatt für Landmaschinen mit angebundenem Maschinenhandel. Ob Eisenlauer bereits zu der Zeit erste Dreschmaschinen baute, ist unklar, sicher ist aber, dass Karl Mengele, der 1907 den Betrieb übernahm, die feste Absicht hatte, Landmaschinen in größerem Stil anzubieten. Bis dahin aber spezialisierte sich die Firma auf die Herstellung und Reparatur von Landmaschinen wie beispielsweise Schrotmühlen und Rübenschneidern. Während der 1920er Jahre stieg das Unternehmen dann zum drittgrößten Dreschmaschinenhersteller in Deutschland auf, mit einem Umsatz von über einer Million Reichsmark. Firmenchef Mengele, da gibt es wenig zu beschönigen, war strammer Nationalsozialist, und durch seinen Sohn, ein Arzt mit Vornamen »Josef«, wird der Name Mengele immer mit dieser dunkelsten Epoche deutscher Geschichte verbunden bleiben.

Der Zusammenbruch des NS-Regimes wie auch die Verstrickungen der Eigentümerfamilie vermochten aber die Erfolgsgeshichte der Landmaschinenfabrik nicht zu bremsen; ab 1947 stellte Mengele zusätzlich Werkzeugmaschinen her, die den Umsatz 1950 auf über fünf Millionen D-Mark ansteigen ließen. Die Belegschaft wuchs mit dem steigenden Umsatz auf fast 2000 Mitarbeiter an, Mengele war größter Arbeitgeber im Kreis. Und die Erfolgsgeschichte ging weiter: 1958 wurde der Miststreuer »Doppel-Trumpf« vorgestellt. Dieser Anhänger war unfassbar erfolgreich, schon im ersten vollen Verkaufsjahr verdoppelte sich der Umsatz und Mengele wurde Marktführer. Bis 1963 wurden 50.000 dieser Miststreuer gebaut und verkauft und Mengele erweiterte die Produktpalette um Ladewagen. Auch hier gehörte das Unternehmen bald zu den weltweit führenden Herstellern und ließ in insgesamt vier Fabriken produzieren. Ende der 1960er Jahre kamen noch Maishäcksler zum Angebot hinzu, die sich ebenfalls blendend verkauften. Teilweise reichten die eigenen Fertigungskapazitäten nicht aus, so dass einige Mengele-Anhänger im Lohnauftrag auch bei Brantner in Österreich entstanden. Die Erfolgsgeschichte setzte sich bis in die 80er Jahre hinein fort, und dass eine Landmaschinenfabrik die Auslieferung von über 200.000 Ladewagen und Stalldungstreuer verkünden konnte, setzte auch international eine Bestmarke. Die diversen Krisen in der Landwirtschaft hinterließen aber letztlich auch bei Mengele – noch immer im Familienbesitz – ihre Spuren; nach 1991 folgten verschiedene Eigentümerwechsel, Insolvenzen und Umstrukturierungen, bis schließlich 2009 durch die Zusammenarbeit und folgende Übernahme der nunmehrige »Mengele Agrartechnik« durch den niederländischen Landmaschinenhersteller Lely endlich wieder Ruhe einkehrte. Wiederum gut anderthalb Jahre später, am 11. November 2011, erlosch der Traditionsname: Der Produktionsstandort sowie das Produktportfolio werden seitdem unter dem Namen Lely Agrartechnik GmbH weitergeführt bzw. vermarktet. Die noch rund 80 Mitarbeiter am Standort im bayerischen Waldstetten bauten, unter anderem, Silierwagen, Ladewagen, Muldenkippern und Häckslern auch Dungstreuer und Drei-Seiten-Kipper, die sich, wie einst, durch hohe

MAN TGS 18.510 mit »agroliner« Sattelabschiebeauflieger (SAW32) von Kröger. Bei diesem Vorführfahrzeug sind noch einige Extras mit an Bord. Mit Gutachten darf er 105 km/h fahren. (© Peter Kröger GmbH)

Mengele LW 290 Quadro mit Dürrfutteraufbau. Der Entladevorgang ist innerhalb von einer Minute zu erledigen, nach 25 Fuhren ist ein Schmierdienst an Kratzboden und Pickup durchzuführen. (© TeWeBs, cc-by-sa 4.0)

Mengele war viele Jahre lang der größte Produzent von landwirtschaftlichen Anhängern; die Stalldungstreuer – hier der Typ Doppel-Trumpf von 1963 mit 4,1 t – war europaweit ein Bestseller.

Der Rhein-Bayern-Prototyp mit Vierklub-Kabine und Allradlenkung entstand 1983. Aufbau und Ladewerk stammten von Mengele. Der Agrar-Lkw konnte sich nicht etablieren. (©BreTho, cc-by-sa 3.0)

Lange galt: Wer Anhänger sagt, meint Mengele. Tatsächlich standen die Anhänger und Ladewagen des Herstellers aus Günzburg viele Jahre ganz oben in den Verkaufsstatistiken. Zugfahrzeug ist ein MB-trac 700 G (Grünland) mit Front-Kreiselmähwerk und Niedrigkabine der Firma Walter Mauser, die seit April 1983 lieferbar war. (© Daimler Truck AG)

Das Mengele-Ladewagen-Programm wurde bis 2020 von Lely weitergeführt. (© PD)

Der Unimog war zunächst vor allem im Schwarzwald heimisch, was erklärt, warum bis heute namhafte Anbaugeräte- und Zubehörhersteller dort ihren Sitz haben – wie Müller-Mitteltal. (© Daimler Truck AG)

Karl Müller aus Baiersbronn-Mitteltal war der erste Hersteller, der einen Unimog-Anhänger entwickelte. Dieser wies exakt die gleiche Spur auf wie der Geräteträger und verwendete auch dessen Räder. Daher sind auf nahezu allen alten Presseaufnahmen, die einen Unimog bei landwirtschaftlichen Transportaufgaben zeigen, auch Anhänger von Müller-Mitteltal zu sehen. (© Daimler Truck AG)

MM hat sein Anhängerprogramm nicht mehr nur auf den Unimog und die Landwirtschaft abgestimmt: Überfahr-Tieflade-Anhänger mit Radmulden transportieren oft Baumaschinen. (© Müller-Mitteltal)

Verarbeitungs- und Bedienstandards auszeichnen. Lely hat allerdings zum 1. Oktober 2017 seine gesamte Sparte »Futter-erntemaschinen« – und damit seine gesamte Palette an Anhängern von Mengele und Welger – an den Landmaschinenriesen AGCO verkauft. Die Produktion der ehemaligen Lely-Erntewagen, -Mähwerken, -Zettern, -Schwadern, -Rundballenpressen und Ladewagen endete im März 2020.

MÜLLER-MITTELTAL

Karl Müller hatte 1929 die väterliche Dorfschmiede im badischen Baiersbronn-Mitteltal (Luftlinie sind es keine 35 Kilometer bis nach Gaggenau, dem Unimog-Geburtsort) übernommen, und schon zu dem Zeitpunkt konnte der Betrieb auf einen lange Tradition zurückblicken: Gegründet worden war die Dorfschmiede bereits im Jahre 1798. Schon bald nach der Betriebsübernahme begann Müller mit dem Bau von land- und forstwirtschaftlichen Anhängern für regionale Kunden; diese Hänger hatten noch, wie zu alten Zeiten, Holzräder. Einziges Zugeständnis an die Neuzeit. Sie verfügten über Gummibandagen, nicht über eiserne Spannreifen.

Doch bereits 1931 ging Müller dann zur Serienfertigung von Ganzstahl-Langholz-Anhängern mit Luftreifen über, über einen Mangel an Abnehmern musste er sich im waldreichen Schwarzwald keine Sorgen machen. Nach den Kriegswirren und der Währungsreform konnte er dann den Anhängerbau wieder aufnehmen. Zunächst entstanden Ein- und Zweiachs-Pritschenwagen, Kipper und Langholz-Anhänger für Land- und Forstwirtschaft, wobei die Räumlichkeiten der Landschmiede im Westen des Schwarzwaldes kaum mehr ausreichten. Und dann kam der Unimog, mutmaßlich weil die Gemeinde einen solchen anschaffte. Karl Müller entwickelte dafür einen passenden Hänger, der ebenso robust wie der Alleskönner ausfiel, mit identischer Spurbreite und mit Rädern in Unimog-Dimension. Müller entwickelte in den 1950er Jahren eine ganze Menge Unimog-tauglicher Dreiseitenkipper für Nutzlasten von 3 bis 6,2 t und verschiedenen Radständen. Der Kippmechanismus funktionierte aber noch nicht hydraulisch, sondern mit Druckluft. Er vermarkte diese Hänger unter dem Markennamen »Müller-Mitteltal« und entwickelte für das Anhänger-Fahrgestell ein Wechselsystem für alle erdenklichen Zwecke. Rund 5000 Unimog-Anhänger entstanden bis Ende der Fünfziger. Mit seinen späteren Zwei- und Dreiseitenkippern mit Zahnstangen-, hand- und motorhydraulischer Kipptechnik, wobei das Werk darauf hinwies, dass durch die hydraulische Kippung »die leichte und fixe Entladung nicht nur zur erhöhten Rentabilität, sondern gleichzeitig zur gesteigerten Arbeitsfreude« des Fahrers beitrage, löste sich Müller-Mitteltal von seinen land- und forstwirtschaftlichen Wurzeln und konzentrierte sich auf Kommunal- und Bauanhängern. Tandem-Dreiseiten-Kippanhänger und zwei- bis fünfachsige Tieflade-Anhänger bilden heute den Schwerpunkt der Produktion von MM – die auch in der Landwirtschaft zum Transport von Maschinen, Ladern, Spezialfahrzeugen für die Flächenpflege oder auch Großballen eingesetzt werden.

AGRAR-TRUCKS

REISCH

»Handschlagqualität«, darauf legen sie Wert bei Reisch Fahrzeugbau im bayerischen Hollenbach in der Nähe von Ingolstadt. Die Wortschöpfung signalisiert Tugenden wie Zuverlässigkeit, Kontinuität und vielleicht auch ein wenig Hemdsärmeligkeit, und nicht zuletzt ist es diese Philosophie, die jeder Anhänger, jedes Schubbodenfahrzeug und jeder Sattelkipper ab Werk mitbringt. Das hat den Fahrzeugbauer in den vergangenen 70 Jahren zu einer Branchengröße werden lassen, mit 220 Mitarbeitern und zwei deutschen Produktionsstandorten. Das ist in der Branche gar nicht mehr so üblich, oft schon wird in Osteuropa produziert. Reisch-Hänger sind daher mitunter ein wenig teurer als die der Konkurrenz, aber auch besser, wenn man den Nutzern einschlägiger Foren glauben darf.

Die Firma geht zurück auf Martin Reisch, der 1951 auf dem Hof der Schwiegereltern alte Landwirtschaftsanhänger von Holzspeichenrädern mit Eisenbandagen auf Luftbereifung umbaute. Von da an war es nur ein kleiner Schritt bis hin zum Bau eigener Ackerwagen, Förderbänder, Güllefasswagen, Dungstreuer und dergleichen mehr: Was immer die Landwirte in der Region benötigten, lieferte nun Reisch – und das mit steigendem Erfolg: Die alten Stallungen, die bisher als Werkstatt gedient hatten, wurden zu klein, zehn Jahre später erwarb Reich eine stillgelegte Ziegelei und richtete dort seine Produktion ein. Ein Großbrand Mitte der Sechziger führte zu Lieferschwierigkeiten, aber nicht zu einem Nachfragerückgang, und auch die immer wiederkehrenden Krisen der Landwirtschaft konnten den Aufstieg des Fahrzeugbauers stoppen, der als einer der ersten auch Dreiseitenkipper für die Landwirtschaft anbot. Inzwischen war Reisch auch in den Bau von Lkw-Anhängern eingestiegen, was zu einem Technologietransfer zwischen den Bereichen führt, von dem beide Unternehmensstandbeine profitieren: Wannenkipper, hydraulisch klappbare Bordwände, Luft- und Deichselfederung einerseits, aber auch auflaufgebremste Standardanhänger für kleinere Betriebe mit Hohlraumversiegelung andererseits: Wenn nach sechs bis acht Wochen Produktionszeit ein Reisch-Hänger den Hof verlässt, weiß der Kunde, er hat »Handschlagqualität« bekommen – rund 1100 Mal im Jahr, knapp 170.000 Mal seit Firmengründung.

B. STRAUTMANN & SÖHNE

Den Grundstein für die Firma B. Strautmann & Söhne Landmaschinen (die seit 1951 so heißt) legte Bernhard Johannes Strautmann mit der Gründung einer eigenen Schmiede in Winkelsetten bei Laer 1890. Sein Sohn – ebenfalls Bernhard Johannes, ebenfalls Schmiedemeister – arbeitete zeitweilig bei der Firma Landmaschinenfirma Carl Hagedorn in Laer (das sich seit 1975 den Vornamen »Bad« zulegen durfte.) Die Firma Hagedorn ging 1930 in Konkurs, der Ex-Azubi Strautmann übernahm die Reste, benannte sie um und fertigte dort, vor Kriegsbeginn mit zuletzt 25 Mann, nun auch landwirtschaftliches Gerät wie Handschlepprechen, Kartoffelquetschen, Rüben- und Strohschneider. Das Unternehmen in der Nähe von Osnabrück überstand den Krieg, partizipierte am folgenden Wiederaufbau und schickte 1954 einen ers-

Eine weitere Spezialität der Schwarzwälder sind Tieflade-Anhänger. Anders als viele Konkurrenten baut MM keine Auflieger. (© Daimler Truck AG)

Dieser Reisch-Kipper mit aufgesteckten Bordwänden wird von einem älteren Claas-Jaguar befüllt: Solche einfachen Wagen sind das Rückgrat der Landwirtschaft. (© PD)

Der Strautmann Dungstreuer »Streublitz« wurde über Jahrzehnte praktisch unverändert gebaut. Die Einachser haben ein Fassungvermögen von gut 4 m³ und ein Gesamtgewicht von 5,5 t. (© PD)

John Deere 6420 mit Kuhn-Kreiselmähwerk und Strautmann-Ladewagen der »Super-Vitesse«-Serie. Wenn es bei der Anschaffung eines Kurzschnitt-Ladewagens auf Ladeleistung und Durchsatz, Schneideigenschaften und Leichtzügigkeit ankommt, ist ein Strautmann sicher eine gute Wahl. Allerdings müssen Traktorleistung und Bereifung stimmen, gerade die Reifendimension kann in der Zugkraft einen enormen Unterschied machen. (©JoachimKohler-HB, cc-by-sa 4.0)

Kramer KL 35.8t beim Beladen eines Strautmann Verti-Mix 1801 mit zwei vertikalen IMS-Mischschnecken. (© Kramer / Wacker Neuson Group)

Einfacher Strautmann-Futtermischwagen mit 7,0 m^3 Mischvolumen, hier mit zusätzlichem, nach innen geneigtem Behälteraufsatz. Er erhöht das Volumen, kostet aber extra. (© B.Strautmann & Söhne GmbH)

Zur Heuernte ein weit verbreitetes Bild: Traktor (hier ein Fendt) mit Welger-Hochdruckballenpresse AP 52 und nicht näher zu bestimmendem Gummiwagen, irgendwo in Deutschland. Ein solcher Heuballen dürft um die 12 kg wiegen, da hat die Mannschaft beim Abladen ordentlich zu tun. (© tyo., cc-by-sa 2.0)

Heuernte in Schweden: Massey Ferguson 175 mit einer Welger AP41 Quaderballenpresse im Schlepp und einem Ballenanhänger von Gisebo.
(© Christer Folkesson, cc-by-sa 3.0)

ten Stalldungstreuer auf die Höfe, 1963 den Ladewagen »Ladeblitz« und nur wenig später erste Silotechnik. 1974 kamen erste Erntedosierwagen, 1994 vertikale Futtermischwagen und dergleichen mehr. Inzwischen ist die vierte Strautmann-Generation am Ruder, und noch immer ist das Unternehmen auf den Bau hochwertiger landwirtschaftlicher Maschinen spezialisiert: Siloentnahme- und Futterverteiltechnik für Rindviehfütterung, Ladewagen, Landmaschinen, Landwirtschaftliche Anhänger, Siloblockschneider, Stalldungstreuer, Bio-Mix, Bio-Gas und Kipper. Nahezu allein auf weiter Flur steht Strautmann mit seiner TS-Reihe. Diese Stalldungstreuer in Tieflader-Bauweise waren auf der Agritechnica 2017 zum ersten Mal zu sehen. Charakteristisch dafür waren die Kombination aus nach unten konisch zulaufender Wanne und großer Bereifung bei geringer Beladehöhe, was bei kleineren Ladern von Vorteil ist. Der 16-t-Hänger mit Kratzboden und einem aus zwei vertikalen Walzen bestehenden Streuwerk sorgt für eine gleichmäßige Mistverteilung auf einer Arbeitsbreite von acht Metern. Inzwischen hat Strautmann ein neues Universalstreuwerk im Angebot, damit sind Streugüter auf einer Arbeitsbreite von 24 m auszubringen. Heute beschäftigt das Familienunternehmen rund 350 Mitarbeiter an zwei deutschen und einem polnischen Standort.

WELGER

1856 eröffnete Gottfried Welger in Seehausen in der Magdeburger Börde eine Schlosserei. Daraus erwuchs in den 1890er-Jahren eine Landmaschinenfabrik. Diese übernahmen später zwei der vier Söhne, Carl und Emil, während die beiden jüngeren – Franz und Gustav – 1899 ihr eigenes Unternehmen gründeten, die Maschinenfabrik Gebrüder Welger in Wolfenbüttel. Die Landmaschinenfabrik in Seehausen musste aber, inzwischen unter Leistung der dritten Generation, 1933 Konkurs anmelden; der damalige Geschäftsführer – auch ein Gottfried Welger – gründete dann 1935 in Dreileben ein Nachfolgeunternehmen als Reparaturwerkstatt für Landmaschinen und Produzent von Strohpressen und Dreschmaschinen; die Firma existiert als Maschinenbauer heute noch.

Die Verwandtschaft in Wolfenbüttel in ihrer neu gegründeten Firma kam 1901 mit ihrer selbsttätig bindenden Strohpresse zu großer Bekanntheit. Ihren Bestseller verbesserten sie stetig weiter. In den Jahren nach 1945 erweiterten sie ihr Sortiment um Stalldungstreuer und Ladewagen, konzentrierten sich aber weiterhin auf Binde- und Ballentechnik. In den 1970ern rückte dann der Fahrzeugbau wieder in den Hintergrund, denn der Bedarf an stationären Pressen für den Recycling-Bereich wuchs. Fortan konzentrierten sich die Niedersachsen wieder ganz auf das Geschäft mit Wickelmaschinen und Pressen, zu Hochzeiten beschäftigte der Familienbetrieb über 1000 Mitarbeiter. In der zweiten Hälfte der 1980ern begann der Niedergang, bis die Familie schließlich 1994 an Lely verkaufen musste. Nach kurzzeitigem Zwischenspiel eines Investors und einem Management-Buyout klopfte Welger 2008 erneut bei Lely, die mit der amerikanischen Vermeer Company kooperierte und den Hersteller von Press- und Wickeltechnik für die Landwirtschaft mit inzwischen 375 Mitarbeitern übernahm und in den USA vertrieb. Inzwischen gehört auch diese Lely-Sparte zum AGCO-Verbund. Der Name Welger ist aber damit nicht aus der niedersächsischen Industriegeschichte verschwunden, die Welger Recycling Engineering GmbH in Wolfenbüttel als ehemalige Tochterfirma produziert und vertreibt weiterhin Verdichtungstechnik.

ZUNHAMMER

Die Firma Zunhammer in Matzing-Biebing besteht seit 1956. Sebastian Zunhammer senior, ein unermüdlicher Tüftler und Visionär, gründet eine Schäfflerei für den Holzfass- und Silobau im oberbayerischen Traunwalchen. In der stark von der Milchviehhaltung geprägten Region fiel natürlich viel Gülle an, und um deren Weiterverarbeitung und Transport kümmerte sich Zunhammer in zunehmendem Maße. So wandelte sich die Schäfflerei zu einem Fahrzeugbaubetrieb. 1958 verließ der erste Gülletankwagen mit Holzfass das Werk. Für diesen Schleuderfasswagen mit 2500 Litern beantragte und erhielt Zunhamer dann Gebrauchsmusterschutz, sozusagen einen »Patentschutz light«. 1962 wurden auch die Fahrgestelle dazu selbst hergestellt. Weitere neue Lösungen im Bereich Gülletechnik folgten. Die steigende Nachfrage machte den Umzug auf ein größeres Gelände im benachbarten Biebing erforderlich, es wurde 1980 bezogen.

Zu dem Zeitpunkt produzierte Zunhammer bereits seit acht Jahren auch Polyestertanks. Die waren wesentlich leichter als die bisherigen Fässer, und die enorme Gewichtsersparnis – Firmenslogan: »Wir transportieren Gülle, nicht Stahl!« – erhöhte die Nutzlast. Und hübsch waren sie außerdem, die Zunhammer-Fässer, denn das glasfaserverstärkte Polyester färbten die Oberbayern im Holzlasur-Gelb ein. Dieser charakteristische Farbton schmückt die Zunhammer-Tanks bis heute. Das letzte Holzfass entstand übrigens 1985. Seit dem gibt es nur noch – gelbe – Kunststofftanks mit Behältergrößen von inzwischen bis zu 30 m^3.

Die Söhne Sebastian und Rudi Zunhammer übernahmen den Familienbetrieb 1990, in einer Zeit, in der die Viehbestände wuchsen, die Güllemengen stiegen und der Umweltschutz eine immer größere Rolle bei der Gülleausbringung zu spielen begann. Um mithalten zu können, musste Zunhammer kräftig investieren, verdoppelte die Produktionskapazitäten 1995 und erweiterte auch in den folgenden beiden Jahrzehnten den Standort Biebing. Außerdem rückten Gülletechnik-Selbstfahrer in den Fokus. Durch die zusätzliche Produktion von LKW-Aufbauten, Spezialtransportern, Sonderfahrzeugen und -anhängern wuchs auch die Erfahrung im Umgang mit einer immer anspruchsvolleren Technik. Vorläufiger Höhepunkt in Sachen Fahrzeugbau ist die 2016 preisgekrönte »Maschine des Jahres«, die rahmenlosen Ultra-Light Tankwagen der ULT-Reihe. Heute beschäftigt Zunhammer in Biebing etwa 135 Arbeitnehmer auf über 8000 m^2 Fläche. Pro Jahr verlassen rund 450 Gülletankwagen und 50 Gülleaufbauten auf Selbstfahrern die Montagehallen. Der Kundenkreis erstreckt sich inzwischen weit über Deutschland hinaus. So fahren die gelben Profitanker in vielen europäischen Ländern, in den Staaten der ehemaligen Sowjetunion und sogar in Chile.

Rudolph, Salzgitter, hat für Welger und dann für Lely die Kipper gebaut. Inzwischen gehört Rudolph zu Reisch (das 2019 an die österreichische Konstant-Gruppe ging), und der Markenname Welger wird von den Kippern verschwinden. (© Rudolph & Sohn)

Gülleinjektion mit Zunhammer-Pumptankwagen und JCB-Fasttrac. Pfiffig: hier fließt die Gülle durch den Rahmen, was Gewicht und Platz spart. (© Zunhammer GmbH)

Auch Holmer setzt beim Terra Variant auf Tank und Saugsystem von Zunhammer; das Pumpensystem kommt von Vogelsang. Wenn die Gülletanker rechtzeitig am Feld anlangen, sind Tagesleistungen von bis zu 160 m^3/h zu erzielen. (© Zunhammer GmbH)

Zunhammer hat nahezu das Monopol auf Gülletechnik-Aufbauten für Selbstfahrer. Den Zuni-X-Trac stellte der oberbayerische Gülletechnik-Spezialist auf der Agritechnica 2013 vor auf Basis des Claas Xerion 4000 Saddle-Trac. Der Saugarm ist um 180° schwenkbar und kann an Höhen von 1,80 bis 5,50 m andocken. Als Zubringer fungiert ein Gespann aus Fendt-Traktor und zweiachsigem Gülletankwagen ULT-18. (© Zunhammer GmbH)

Ein pendelnd aufgehängtes Achsaggregat, Luftfederung und Nachlauflenkung sind typisch für Zunhammers Tandem-Tanker, ebenso Schleppschuhverteiler und Höhen-Teleskop-System. (© Zunhammer GmbH)

BIOMASSE-TECHNIK

Die Energiegewinnung aus Biomasse entlastet die Umwelt. Sie gilt als weitgehend klimaneutral, denn die Energie wird aus nachwachsenden Rohstoffen gewonnen. Betrieben werden solche Kraftwerke mit Pellets und Hackschnitzeln, die mit Hilfe eines Hackers aus Rest- und Schwachholz produziert werden. Dafür werden Teile wie Äste oder Baumwipfel verwertet und auch Abfälle aus Sägewerken: Alles nicht für die Scheitholzproduktion taugliche Material, hohle Stämme und Stammholzabschnitte werden der Enerieholzverwertung zugeführt. Allerdings ist in solchen Heizkraftwerken der Bedarf an Brennstoffen enorm, und um den wachsenden Hunger zu bedienen, muss die Arbeit weitgehend automatisiert ablaufen. Bei solchen Gelegenheiten geht nichts ohne mobile Großhacker, nur so lassen sich innerhalb von zehn Minuten 20-Kubikmeter-Anhänger mit Holzschnitzeln befüllen. Für Kraftwerke darf das Schnitzelgut grober ausfallen, für Privathaushalte und kommunale Heizanlagen muss es etwas feiner sein.

(© Siloking)

Typisch für Albach (hier ein Diamant) sind das permanente Allradsystem und einzeln ansteuerbare Achsen mit hydromechanischem Antrieb. (© Albach)

Albach arbeitet mit verschiedenen Maschinenherstellern zusammen, so etwa Wacker Neuson. Das Fällaggregat stammt von Lako. (© Albach)

Schwachholz wird zu Holzschnitzeln verschiedener Größe verarbeitet und dient als Brennstoff für Heizkraftanlagen. Die Nachfrage nach diesem umweltfreundlichen Rohstoff wächst ständig und damit auch der Bedarf an leistungsstarken Großhackern. Für Aufsehen sorgte Albach im Jahre 2006 durch die Präsentation des Silvator 2000, des ersten selbstfahrenden Holzhackers weltweit. (© Albach)

Liftbare Kabinen sind für die Arbeit mit solchem Großgerät unerlässlich, nur so ist es möglich, den Überblick zu behalten. (© Albach)

Die weltweite Nachfrage nach Hackschnitzeln und Pellets ist in den letzten Jahrzehnten sprunghaft angestiegen. Um diese befriedigen zu können, müssen spezielle, teilweise ausgesprochen neuartige Maschinen vorgehalten werden. In diesem Spezialsegment der Forsttechnik tummeln sich daher auch Hersteller, die nicht unbedingt den klassischen Werdegang – vom Schmiedemeister zum Landmaschinenproduzenten – genommen haben, sondern clevere Start-ups und findige Quereinsteiger.

ALBACH MASCHINENBAU

Die Albach-Geschichte gehört zu den erstaunlichsten Erfolgsstorys in der Forstmaschinen-Branche. Sie begann in der elterlichen Scheune, und ein Lokalpolitiker verglich sie einmal mit der Bill-Gates-Story. Auch wenn da ein wenig arg viel weißblauer Lokalpatriotismus mitschwang: Ein Körnchen Wahrheit steckt schon drin. Begonnen hat sie im oberbayerischen 450-Seelen-Dorf Menning, das wiederum zur Gemeinde Vohburg/Donau gehört und im Landkreis Pfaffenhofen/Ilm liegt – und den meisten Menschen vollkommen unbekannt sein dürfte. Dort betrieben die Brüder Franz und Michael Bachmaier in einer ehemaligen Scheune des elterlichen Hofs eine Landmaschinen-Werkstatt. So weit, so normal. Ungewöhnlich indes war die Tatsache, dass die beiden begannen, eigene Maschinen zu entwickeln, nachdem ein Lohnunternehmer den Bau eines selbstfahrenden, schnell umsetzbaren Großhackers zur Energieholzgewinnung anregte. Bislang nämlich bildeten gezogene Hackmaschinen mit relativ geringem Durchsatz die Norm, und damit wollte sich der Kunde nicht länger begnügen. Das führte im Jahre 2006 zur Gründung der Firma Albach, die sich hinfort ganz auf die Produktion von Hackmaschinen und Spezialmaschinen konzentrierte und inzwischen über 500 selbstfahrende Holzhacker ausgeliefert hat, mehr als jeder andere Hersteller weltweit. Der Familienbetrieb mit inzwischen über 100 Angestellten bezeichnet sich darob als Marktführer auf diesem Sektor – eine mehr als respektable Leistung der Spezialmaschinen-Manufaktur aus der oberbayerischen Provinz.

Mit dem Silvator ins Rampenlicht

Der Aufstieg der Firma Albach begann mit dem weltweit erste selbstfahrenden Holzhacker, der die Verkaufsbezeichnung »Silvator 2000« erhielt – der erste Entwurf der Landmaschinen-Spezialisten, die mit Wartung und Reparatur von Rübenrodern von Holmer und Ropa viel Erfahrung mit selbstfahrenden Vollerntern gesammelt hatten. Vor diesem Hintergrund begannen sie mit der Großhackerentwicklung. Für die Entwicklung holten sich die Bachmeiers Konstrukteur Richard Alzinger mit an Bord, der zuvor bei Holmer Rübenroder entwickelt hatte. Mit dem so entstandenen, gut 9,3 m langen und 31 to schweren Silvator – ein Vierachser mit zwei Antriebs- und zwei Stützachsen und 600-PS-Mercedes-Diesel – erhöhte sich die Durchsatzleistung, selbst unter ungünstigen Bedingungen, im Vergleich zum bisherigen Gespann aus Großtraktor und gezogenem Hacker, um mindestens das Doppelte. Außerdem besaß die Konstruktion eine liftbare Kabine, Allradlenkung und, vor allem, eine 40 km/h-Zulassung. Die Markteinführung erfolgte 2008, der rund 400.000 Euro teure Selbstfahrer war eine Sensation.

Maschinen der Superlative

Die Weiterentwicklung des Silvator hieß Diamant 2000 und wurde im Herbst 2013 präsentiert. Wie beim Vorgänger bezeichnet die Zahl die Einzugsbreite – eine maßgebliche Messgröße für solche Schredder – in Millimetern. Der Diamant unterscheidet sich vom Silvator vor allem durch seine Zulassung, denn er ist 70 km/h schnell und darf damit auf die Autobahn. Die Länge wuchs um rund 90 cm auf 10,3 m an, gleichzeitig ist er mit einer Breite von 2,55 m um 45 cm schmaler als der Silvator, was das Handling erleichtert. Die Kabine fährt nun auf 3,95 m Höhe, das sind 20 cm mehr als zuvor. Die Motoren bezieht Albach nun bei Volvo. Geblieben sind die Vorteile des Selbstfahrers, die Wendigkeit dank Hundegang, der hydromechanische Achsantrieb, die pneumatischen Differenzialsperre und die extrem kurzen Aufrüstzeiten.

Seit 2019 kooperiert Albach mit dem Schweizer Hackerbauer Wüst. Die Kooperation erweiterte das Albach-Portfolio um dreiachsige LKW mit Hacker-Aufbau und gezogene Holzhacker, während die Schweizer den Vertrieb, Service und die zentrale Ersatzteilversorgung für Silvator und Co. in der Schweiz übernehmen.

DORFMEISTER

Maschinenbauer Dorfmeister, Roßbach, steht stellvertretend für eine ganz Anzahl von kleinen und kleinsten Herstellern, welche zwar keine kompletten Maschinen bauen, aber jenes Equipment liefern, ohne die eine Biomassegewinnung nicht möglich wäre. Dorfmeister entwickelte 2008 einen ersten Fällgreifer; mittlerweile umfasst das Angebot neun verschiedene Modelle für Stammdurchmesser bis 500 mm. Darüber hinaus stehen nun auch Greifersägen, Forstmulcher und Stubbenfräsen im Programm, fein abgestimmt zum Anbau an Baggerarme oder auch Teleskoplader.

ESCHLBÖCK

Landwirtsohn Rudolf Eschlböck aus der Ortschaft Eschlbach, Gemeinde Prambachkirchen, Oberösterreich, gründete 1956 einen Betrieb zur Entwicklung und Erzeugung von Landmaschinen. Auch hier: eine Geschichte, derer es so viel gibt in jener Branche. Doch der Erfolg des Unternehmens lag in der Innovationskraft des Gründers und der klugen Produktpolitik, die es stets verstand, Marktnischen aufzuspüren. So erhielt Eschlböck das Patent auf einen Ladewagen mit Momententladung, womit er ein drängendes Problem in der Landwirtschaft löste. Die ersten Holzhackmaschinen erzeugte Eschlböck 1978 und spezialisierte sich in den folgenden Jahren und Jahrzehnten auf diesen Bereich. Zu den Meilensteinen in diesem Segment gehören die Scheibenradhacker der Biber-Reihe, wobei der Biber 5 KL mit seiner Auslegung auf die Erzeugung von Feinhackgut für die automatische Heizanlage vor allem in Bayern und Österreich mit über 1700 Stück zum Bestseller wurde. Der Trommelhacker Biber 7 mit 35 x 56 cm großer Einzugsöffnung von 1992 avancierte mit seinem aus einzelnen Scheiben zusammengesetzten offenen Hackrotor mit paarweise versetzten Hackmessern zum Branchenstandard. Weitere Großhacker

Kleinere Flächen können auch mit dem Bagger bearbeitet werden, vorausgesetzt, dieser verfügt über den entsprechenden Fällgreifer. Dorfmeister hat sich auf solche Anbaugeräte spezialisiert. (© Maschinenbau Dorfmeister)

Der Eschlböck Biber 85 Z/ZK auf Tandemfahrgestell wird über die Zapfwelle der Zugmaschine angetrieben. Die muss aber mindestens 150 kW leisten können. (© Eschlböck Maschinenfabrik GmbH)

Ein Vertreter der Biber Powertruck-Linie, Basis Volvo FH 16 mit 410 kW starkem D16-Motor. Die Maschinenfabrik hat die Kraftübertragung des LKW-Motors optimal auf den Hackbetrieb ausgelegt. (© Eschlböck Maschinenfabrik GmbH)

Mit einem neuen Einzugsbereich – er misst 40 x 56 cm –, einem neuen Hackrotor mit acht paarweise versetzten Klingen und 65 cm Durchmesser und neuem Gebläse ist der Biber 7 robust und leistungsstark. Die Maschine wiegt 4,3 t und benötigt eine Zapfwellenleistung von mindestens 40 kW. (© Eschlböck Maschinenfabrik GmbH)

Mit 50 Tonnen Eigengewicht ist der T50 Hannibal einer der leistungsstärksten Harvester am Markt. Den Stahlbau erledigt im Auftrag die MK Stahl- und Maschinenbau GmbH, Regensburg. (© Impex Forstmaschinen GmbH)

Impex baut Großharvester wie den Hannibal T50, das Flaggschiff der Modellreihe. Solche Maschinen können Bäume stehend aus dem Bestand nehmen, ohne dass Rückegassen angelegt werden müssen. Der Hannibal kann Bäume mit bis zu 120 cm Durchmesser absägen und bis zu 90 cm starke Bäume in acht Metern Höhe halten. (© Impex Forstmaschinen GmbH)

Walzen und sieben Entrindungsmesser bearbeiten den Starkbaum. Die Aggregate werden inzwischen im Impex-Auftrag gefertigt. (© Impex Forstmaschinen GmbH)

Hannibals Hubkraft ist enorm, an der äußersten Spitze kann der 15 Meter lange Kran immer noch 4,5 Tonnen heben. (© Impex Forstmaschinen GmbH)

– Biber 8, 1995 – folgten. Seit 2007 ist der Familienbetrieb Eschlböck mit seinen Chippertrucks (die bei Eschlböck natürlich »Bibertrucks« heißen) am Markt und gehört mit seinen mobilen Großhackern auf Lkw-Basis zu den bekanntesten und innovativsten Anbietern in diesem ständig wachsenden Segment.

Unter dem Markennamen Biber erzeugt Eschlböck heute ein komplettes Programm von Holzhäckslern für die Landschaftspflege bis zu Großmaschinen für den industriellen Einsatz, die ganze Bäume weit über 90 cm Durchmesser verarbeiten. Und wenn selbst das nicht ausreicht, gibt es inzwischen auch einen Spaltbiber, und dem ist kein Stamm zu dick.

IMPEX FORSTMASCHINEN

Den »Königstiger« kennt man aus dem Tierreich und den »Hannibal« aus dem Geschichtsbuch. Die Firma Impex indessen hat beide in den Wald geschickt und unter dieser Bezeichnung ganz besondere Forstmaschinen gebaut. Die Impex Forstmaschinen im niederbayerischen Bogen-Furth gibt es seit 1999, die Firma hat sich auf die Produktion von Raupenharvestern konzentriert. Das Unternehmen von Firmenchef Hermann Gaillinger hat im Nischenbereich der Stehendentnahme einen Marktanteil von rund 70 Prozent, bietet aber auch Rückezüge, weil, so der Hersteller, »die Kunden häufig für Harvester und Rückezug einen Ansprechpartner wünschen.« Dazu kommt die Umrüstung angelieferter Gebrauchtbagger oder auch Aufbau von Winden zum Heranziehen von motormanuell beigefälltem Holz.

Raupen-Mikado

Die Stehendentnahme ist vor allem in Starkholzbeständen von Bedeutung, denn so können kranke oder zu erntende Bäume gezielt herausgepickt, abgenommen und senkrecht stehend herausgehoben werden, ohne die anderen Bäume zu beeinträchtigen oder gar fällen zu müssen, um sie überhaupt erst zu erreichen. Das erinnert ein wenig an das Mikadospiel, dort müssen ja auch bestimmt Stäbe herausgepflückt werden, ohne dass die anderen wackeln. Und so ähnlich darf man sich auch den Einsatz eines Raupenharvesters vorstellen. Ist der Baum geerntet, wird er an der Rückegasse abgelegt und kann weiterverarbeitet werden. Um am Hang arbeiten zu können, ist der Oberwagen nivellierbar, dazu gibt es am Unterwagen eine Neigevorrichtung – Tilt –, welche die Kabine in alle Richtungen schwenken lässt. Ebenfalls unabdingbar sind ein leistungsfähiger Kranarm mit hoher Reichweite und ein Stammhalter.

Die 2017 eingeführte Hannibal-Familie besteht aus den Typen T 30, T 40 und T 50; je höher die Nummer, desto höher das Maschinengewicht und desto dicker auch die Bäume, die bei Maximalreichweite noch bis zu 6500 kg wiegen dürfen und einen Stammdurchmesser von 120 cm haben.

Der Unterwagen ist eine Eigentwicklung, die bei einem Zulieferer aus Regensburg entsteht. Oberwagen und Schwenkwerk inklusive Tilt der beiden großen Wald-Elefanten liefert Sennbogen zu, wobei es in den 2000ern kleinere Maschinen mit Oberwagen etwa von Atlas gab und

Großhäcksler wie der »Holzknacker« HEM 581 Z werden in erster Line zur Hackschnitzelerzeugung eingesetzt. In Kombination mit einem Claas Xerion kommt er zum Beispiel bei der Firma Thein in Luxemburg zum Einsatz. (© Thein / Jenz)

der T 30 einen Doosan-Aufbau trägt. Wiewohl: Den Hannibal T 50 gibt es in zwei Ausführungen: Die eine mit Sennebogen-Rohgerüst und die SE-Variante mit komplettem Sennebogen-Oberwagen. Doch ob nun fast komplett in Eigenregie neu gebaut oder mit zugekauften Oberwagen: Die Niederbayern rüsten jeden Harvester umfassend aus, auf und um. Da gilt auch für den zunächst aus Finnland zugekauften Fällkopf: Bis zur Insolvenz des Herstellers 2016 verwendete man LAKO-Aggregate, die heute, wiederum nach Impex-Spezifikationen, in Belgien entstehen.

JENZ

Johannes »Hans« Jenz, Jahrgang 1895, war im Ersten Weltkrieg Hufschmied. Nach seiner Meisterprüfung 1920 machte er sich 1921 selbstständig. Die Zeiten waren schwierig, doch tüchtige Handwerker hatten stets Arbeit, vor allem, wenn sie klug agierten. So eröffnete er seine Schmiedewerkstatt gegenüber der Endstation der Bahnlinie nach Minden. Der Materialnachschub war kein Problem, auch der Vertrieb nicht, denn Jenz erkannte früh, dass das Beschlagen von Pferdehufen keine stabile Basis war: Er begann mit dem Handel von Eisen, erweiterte sein Sortiment um Fahrräder, nahm Eggen, Pflüge und landwirtschaftliche Anhänger ins Angebot und verkaufte schließlich auch landwirtschaftliche Anhänger mit eisenbeschlagenen Rädern. Im nächsten Schritt wechselte er zu luftbereiften Ackerwagen mit Drehschemellenkung, was ihm im Raum Minden eine Alleinstellung verschaffte. Zudem gehörte er zu den ersten Anbietern von Kippern für die Landwirtschaft. Ende der 40er Jahre wurden die Jenz-Anhänger überregional bekannt. Nachdem Maschinenbauingenieur Wilhelm Hermeier sich mit einer Jenz-Tochter verlobte und ins Unternehmen eintrat, starteten die Niedersachsen Mitte der 50er richtig durch.

Die Spezialisten zur Holzverarbeitung

Das Unternehmen beschäftigte inzwischen rund 20 Mitarbeiter und baute Anhänger in allen Formen und Größen, darunter Hoch- und Umladekipper für den Rübentransport sowie Miststreuer. Als Geniestreich erwies sich die Übernahme der Konstruktionsrechte an einer Holzhackmaschine mit horizontalem Einzug, die man verfeinerte. Weitere Maschinen zur Holzverarbeitung folgten, und die Firma machte sich Anfang der 60er Jahre in dieser Spezialbranche einen guten Namen. Zu den besten Kunden gehörten damals noch zahlreiche deutsche Möbelwerke. In den 70ern jedoch gingen viele dieser Kunden pleite, und die Nachfrage sank. Gleichzeitig stieg die Nachfrage in Skandinavien, und in Zusammenarbeit mit einem finnischen Partner entstand Ende des Jahrzehnts der erste mobile Holzhacker, eine Kombination aus Forwarder mit drehbarem Hackaggregat. Der funktionierte hervorragend, und die Nachfrage stieg wieder an, zumal im Zuge des erwachenden Umweltbewusstseins Gesetze zur Abfalltrennung und -vermeidung erlassen wurden: Die Kommunen richteten nun Grüngut-Sammelstellen und Häckselplätze ein, und damit diese nicht überquollen, brauchte es Zerkleinerungsmaschinen – und die lieferte Jenz zu. Mitte der 1980er spezialisierte sich der Familienbetrieb daher auf den Bau von mobilen Häckselmaschinen für Grüngutabfälle und Biomasse, in den 1990ern kamen dann der erste kranbeschickte Mobilhacker

Weit verbreitet sind gezogene Großhacker; dieses Unimog-Gespann mit Jenz-420-Hacker kann sogar noch einen Hackschnitzel-Anhänger von Doll ziehen. (© Daimler Truck AG)

Der Chippertruck hybrid ist das Flaggschiff unter den Mobilhackern des Herstellers auf Basis MAN TGS 35.500. Die Doppelmotortechnik sorgt für eine Systemleistung von über 1100 PS. Vollgetankt mit 900 Litern Diesel bleibt der Jenz unter 32 t Gesamtgewicht und darf deswegen ohne Ausnahmegenehmigung bewegt werden. (© MAN Trucks & Buses)

Die aktuelle Palette der Großhacker mit Zapfwellenantrieb umfasst gegenwärtig vier Maschinen für das Häckseln von Strauchwerk und Stammholz von bis ca. 800 mm Durchmesser. (© CLAAS KGaA mbH)

Der 738 E ist augenblicklich der größte Fällbagger im Sennebogen-Programm. Mit dem 2,5 m langen Teleskopausschub lassen sich 38 m hohe Bäume fällen und stehend entnehmen. (© SENNEBOGEN Maschinenfabrik GmbH)

Der Sennebogen Teleskoplader 355 K ist in der Hackschnitzelverladung – hier mit Niederhalterschaufel –, in Recyclinganlagen, in der Industrie und in vielen weiteren Anwendungen zu finden. 8,5 Meter Hubhöhe, die hochfahrbare Kabine, permanenten Allradantrieb und einen Wendekreis von 4,5 Metern bringt er von Haus aus mit. (© SENNEBOGEN Maschinenfabrik GmbH)

Die Holzumschlagmaschine 830 E Mobil Trailer ist eigens für den Trailer-Betrieb konzipiert worden und verfügt über einen verstärkten Unterwagen und Allrad-Antrieb. (© SENNEBOGEN Maschinenfabrik GmbH)

sowie, noch bedeutender, der erste Zapfwellenhacker für Traktoren mit 100 und mehr PS hinzu: »Der 1991 erstmalig produzierte HEM 25 Z wird zu einem Meilenstein in der JENZ Maschinengeschichte.«, erklärt die Firmenchronik.

Zum Ende des Jahrtausends rückte die weltweite Reduzierung der Treibhausgasemissionen auf die politische Agenda. Das führte zu einer steigenden Nachfrage nach Biomasse als erneuerbarer Energieträger, woraufhin Jenz sein Produktprogramm in Sachen Hacker- und Schreddertechnik ausweitete: Mit dem HEM 1000 D-Q »Hercules« erschien 2005 – er verfügte über zwei Motoren – Europas stärkster Mobilhacker. Bei all diesen Anlagen handelte es sich aber um Maschinen, die einen Tieflader zur Umsetzung benötigten.

Geniale Idee: Der Chippertruck

Bekannt wurde Jenz aber für seinen Chippertruck (der HEM 820 DQ) von 2009 mit einer Gesamtleistung von über 800 PS. Inzwischen gelten die Chippertruck-Hacker – Jenz baut sie auf MAN-TGS-6x4 oder 6x6-Chassis auf – als erste Wahl für all jene Unternehmen, die sich auf die Gewinnung von Energieholz-Hackschnitzel spezialisiert haben. Der Hacker wird dabei über einen Nebenabtrieb vom Lkw-Triebwerk angetrieben, wobei je nach Maschinengröße der originale MAN-Nebenabtrieb oder ein Fremdaggregat verbaut wird. Die Chippertrucks der neuesten Generation sind seit 2017 in Produktion, die Cobra-Hacker verfügen als Option über eine im 160-Grad-Winkel schwenkbare Fahrerkabine, die vom Claas Axion stammt. Damit kann der Fahrer den Hacker von der Kabine aus direkt bedienen und hat dennoch den Arbeitsbereich – Holzpolter, Einzugstisch und Palfinger-Epsilon-Kran – voll im Blick. Das Hackschnitzelgut kann dann über das Ausblasrohr oder das Austragsförderband ausgetragen werden. Vorteil der Jenz-Chippertrucks: Die Fahrzeuge sind, weil mit Lkw-Zulassung, uneingeschränkt straßentauglich.

SENNEBOGEN

1952 gründete im niederbayerischen Pilling bei Straubing Erich Sennebogen im Alter von 21 Jahren eine Firma zur Produktion landwirtschaftlicher Maschinen wie etwa Dunglader. Deutschland befand sich im Wiederaufbau,der Bedarf an Baumaschinen war enorm. Daher lag der Gedanke nahe (Firmengründer Sennebogen: »Unternehmer kann man nicht werden. Unternehmer muss man sein.«), das Produktprogramm zu erweitern, zumal die Landwirtschaft in eine erste Krise schlitterte, die zahlreiche kleinere Hersteller zur Aufgabe zwang.

1957 entstanden auf Basis der Dunglader erste Seilbagger, und drei Jahre später konnte man bereits den 1000. Autolader ausliefern. Kurz darauf begann die Entwicklung eigener Hydrauliklösungen, der erste Hydraulik-Bagger ging 1964 in den Verkauf. Überhaupt: die 1960er Jahre – Sennebogen expandierte. Das neue Jahrzehnt hatte mit einem Bau eines Werks in Straubing begonnen, zur Mitte der Dekade kam der erste Seilbagger mit hydraulischer Umklappung des Gittermastauslegers hinzu, und zum Ende des Jahrzehnts erschien Sennebogen mit dem ersten vollhydraulischen Seilbagger der Welt.

Die Siebziger brachten Kunststoff-Kabinen und mit dem SK15 einen mobilen Fertighauskran mit wippbarem Spitzenausleger für den Hochbau; vollhydraulische Seilbagger mit hydraulisch liftbarer Kabine und die Entwicklung des hydraulisch verstellbaren Gelenkauslegers. In den Achtzigern kamen neue Spezialmaschinen für den Materialumschlag hinzu, und Kennzeichen der Neunziger waren die neuartigen Teleskopkrane mit Mobil- und Raupenfahrwerk. Im neuen Jahrtausend erfolgte der Schritt in die USA und nach Singapur, in Sachen Produkttechnik war der Hafenmobilkran 9300 E vom Mai 2017 ein echter Fortschritt: Der Mobilunterwagen mit Allradlenkung mit 14 Radsätzen sorgte für Wendigkeit und einen niedrigen Bodendruck.

Die Umschlagmaschinen haben dank Hydraulik, Teleskopkranarm und Anbaugeräten wie Greifersäge, Wurzelstockfräse, Fällgreifer, Mulcher, Schnittaggregat und Trimmer die Forstwirtschaft erobert. Sie vereinen laut Hersteller »die Vorteile einer mobilen Maschine mit denen eines Teleskopkrans«. Das Konzept mit der um 2,70 m hochfahrbaren und 30 Grad neigbaren Kabine prädestiniert die Sennebogen-Fällbagger für Problembaumfällung am Hang, in Steillagen oder an Straßen, wo Zeit oder Raum fehlen und Einsatz von Baumkletterern oder Hubarbeitsbühnen Grenzen hat. Je nach Ausführung erreichen sie bis zu 21 m Reichweite. Der Vorteil der Baggerharvestern liegt im dreh- und tiltbaren Oberwagen, an dem der Kran befestigt ist. Kabine und Kran drehen parallel, sodass der Maschinenführer stets den Arbeitsbereich im Blick hat – das erhöht die Sicherheit. Diese wird durch Lexan-Sicherheitsverglasung in der hydraulisch heb- und senkbaren Kabine weiter verbessert.

WESTTECH

»Kein Teil an einem Woodcracker darf im Einsatz versagen« – auf diese einfach zu lesende, aber unglaublich schwer und aufwendig umzusetzende Formel lässt sich das Westech-Erfolgsrezept reduzieren. Die orangelackierten Maschinen und Anbaugeräte aus Österreich sind längst weltweit im Einsatz. Dahinter steht Ing. Werner Steininger, der sich Anfang der 2000er eigentlich mit einem CAD-Konstruktionsbüro selbständig machen wollte, auf Bitten seines Vaters aber einen leistungsfähigen Holzspalter entwickelte, der dicke Baumstämme schnell und zuverlässig zerlegte und somit die Hackschnitzelerstellung erheblich beschleunigte. Die Qualitäten dieses Doityourself-Spalters sprachen sich herum, doch Steiningers Holzspalter hätte wohl bis zum Ende (und bei der Qualität des Prototyps hätte das noch in weiter Ferne gelegen) auf dem oberöstereichschen Hof für Kleinholz gesorgt, wenn diese Spaltzange nicht ihren Weg auf die Interforst gefunden hätte. Danach explodierte die Nachfrage, und die Steiningers – die nie auf die Idee gekommen wären, ihre Zange auf einer Messe zu präsentieren, das wurde an sie herangetragen – wurden von der Nachfrage überrollt. 2005 ließ man sich den Markennamen »Woodcracker®« schützen, und so heißen praktisch alle Produkte des 50-Mann-Unternehmens bis heute. Inzwischen umfasst das Angebot 40 verschiedene Spalter, Schneid- und Fällköpfe und weitere Spezialmaschinen. Rund 10.000 davon treten pro Jahr die Reise an von Prambachkirchen in alle Welt.

Um den Anforderungen eines mobilen Fällkrans auf einem LKW-Fahrgestell gerecht zu werden, hat Westtech in enger Zusammenarbeit mit einem Kunden den Fellertruck entwickelt. In Kombination mit den Woodcracker®-Greifersägen lassen sich, je nach Ausstattung, Bäume bis zu 75 cm Schneiddurchmesser stehend entnehmen – und das bei einer Reichweite von bis zu 19 Metern. (© WesttecH Maschinenbau GmbH)

Sennbogen 718 E: Arbeitsbereich (1,7 t Traglast bei 13 m Reichweite), geringes Gewicht (21,4 t), Straßenzulassung (schnell umsetzbar) und die um 2,7 m hochfahrbare Fahrerkabine mit Schiebetür machen ihn zu einem sehr beliebten Fällbagger. (© SENNEBOGEN Maschinenfabrik GmbH)

Basis des Fellertruck ist ein Allrad-MAN mit 480 PS. Beim Ladekran handelt es sich um einen Hiab 638 mit X-Abstützung. Die Stützen sind variabel steuer- und teleskopierbar. (© WesttecH Maschinenbau GmbH)

FORSTMASCHINEN

Vergleicht man die Entwicklung von Land- und Forstmaschinen, so zeigt sich, dass die Waldarbeit vielerorts noch eine Sache starker Männer und Pferde war, als auf den Feldern schon ein Maschinenpark Einzug gehalten hatte. Doch die Forstwirtschaft profitierte von vielen technischen Entwicklungen in der Landwirtschaft und dem Bau-Gewerbe. Erfinder und Hersteller fanden hier eine lohnende Nische für angepasste und neue Produkte. Holzvollernter, Forwarder, Skidder und Rückezüge haben das Arbeiten vor allem in den großen Waldflächen auf der Nordhalbkugel rationalisiert; Spezialgeräte machen die Bewirtschaftung selbst steiler Lagen in schwierigem Gelände wirtschaftlich sinnvoll.

(© Hersteller)

FORSTMASCHINEN

HSM

Unter allen Herstellern von Land- und Forstmaschinen hat keiner eine so lange Tradition aufzuweisen wie die Firma HSM, im Familienbesitz derer zu Hohenlohe-Waldenburg. Gegründet wurde das Unternehmen 1967 von den beiden ältesten Söhnen des Familienoberhaupts als »Hohenloher Spezial-Maschinenbau GmbH & Co. KG« für den Vertrieb und die Entwicklung von Maschinen für die Forstwirtschaft.

In den ersten Jahren beschränkte sich das in den Hohenlohischen Stammlanden ansässige Unternehmen auf den Import der kanadischen Skidder der Marke »Timberjack«. Das 1947 in Ontario gegründete Unternehmen »Timberland« fand mit seinen Landmaschinen über HSM Zugang zum europäischen Markt. Drei Jahre nach Beginn des Imports präsentierte das Familienunternehmen bei der ersten großen deutschen Forstmesse in München, der Interforst, eine mobile Stammholzentrindungsanlage. Es handelte sich um eine Eigenentwicklung, die kippbar und teilweise schwenkbar war. Fahren konnte sie nicht; um mobil zu sein, musste sie per Tieflader umgesetzt werden. Weitere Entwicklungen wie eine Dreipunktwinde folgten, und 1978 wurde in Zusammenarbeit mit der Firma Adler in Wolfegg der Schritt zum Hersteller von Spezialfahrzeugen gemacht. Diese Firma baute seit fast einem halben Jahrhundert Seilwinden und galt als Pionier mechanisierter Holzverladung und -rückung. Die Zusammenarbeit führte zum HSM 704, dem ersten Forstschlepper des Hauses.Viele Waldbesitzer nutzten für die Arbeit im Wald ihre üblichen Ackertraktoren, ausgestattet mit Winde, Polterschild und ähnlichem. Doch im Forst hatten normale Ackerschlepper schnell keine Puste mehr. Der neue Forst-Spezialschlepper war ein wendiger Knicklenker mit leicht asymmetrischer Kabine, Deutz-Motor, Achsen von Hurth sowie Zehngang-Wendegetriebe von ZF und Hurth – nicht unbedingt für Starkholz geeignet, aber dem Allround-Schlepper haushoch überlegen. Ein großer Vorteil war der Aufbau von Adler-Doppeltrommel-Seilwinden. Seine Spezialschlepper ließ HSM bei Adler fertigen. Die Weiterentwicklung dieses Grundmodells führte zum HSM 906 des Jahres 1985, dem ersten 100-PS-Seilschlepper. Mit seiner Motorleistung rückte er so nahe an die noch immer von HSM vertriebenen Rückeschlepper von Timberjack heran, dass nach fast zwei Jahrzehnten die Zusammenarbeit mit den Kanadiern endete. Er bildete dann auch die Basis für den ersten Schlepper des Hauses mit Rückenzange und Winde, den 904Z. Den HSM-Zangenschlepper gibt es bis heute; auch die Entwicklung der für HSM typischen Forstspezialschlepper ging weiter. Es folgten Typen mit besonders geräumigen Kabinen, ebenem Kabinenboden und Drehsitz (was den Aufbau schwenkbarer Rückekrane ermöglichte). Hinzu kamen sauberere und stärkere Iveco-Motoren, stärkere Hydraulik, mehr Funktionen, kurzum: HSM und Adler taten das, was jeder Fahrzeugproduzent tut, dem seine Kunden wichtig sind. Und die wussten die Sorgfalt zu schätzen; längst schon kämpfte der Hersteller mit Kapazitätsproblemen, so dass auch die Erweiterung der Modellpalette um Harvester lange verschoben werden musste.

Das Programm an Forstspezialschleppern reicht vom 805 bis zum 904ZL, das Einsatzspektrum von der Durchforstung bis zur Endnutzung im Laubholz unter schwersten Bedingungen. (© Hersteller)

Das gegenwärtige Harvester-Programm umfasst drei Achtrad-Maschinen 405 H2, -H3 und -H4. Sie erhalten Harvesterköpfe von Waratah oder Logmax, auch andere Aggregate sind möglich. (© Hersteller)

Seine Harvester stattet HSM mit Kranen bis 280 KNm Hubmoment aus, für die Starkholzernte ist auch ein 11-m-Kran von Epsilon lieferbar. Die Steilhangversion hat bis zu 450 m Seil auf der Trommel. (© Hersteller)

Technik die Freude macht: Im Programm von HSM finden sich Forstspezialschlepper, Rückezüge, Vollernter und Kombimaschinen für den Einsatz in der Forstwirtschaft. Der 904F ist ein solcher Kombi-Rückzug. Serienmäßig bringt die Sechsrad-Maschine zum Beispiel auf 2,8 m, 3,6 m und 4,2 m Länge versetzbare Rungen mit, was für den Transport verschiedener Sortimente erleichtert. Standard sind auch die Adler Doppeltrommelwinde mit 2 x 10 t Zugvermögen und ein Greifer mit 1,2 m^2 Querschnitt. (© Hersteller)

Der Einsatz eines »Pully« erfordert die Zusammenarbeit mit einem Harvester: Dieser belädt, und der Bodenlaufwagen fährt automatisch und autonom am Spannseil zum Entladepunkt. (© Hersteller)

Konrad baut den Highlander als 4x4- oder 6x6-Maschine. Für Vortrieb sorgt jeweils ein Iveco-Diesel mit 285 PS. (© Hersteller)

Der Woodliner ist eine weitere Konrad-Spezialität. Der selbstfahrende Laufwagen arbeitet ferngesteuert und ist speziell für den Horizontal- und Bergabtransport konzipiert. (© Hersteller)

Typisch für die Radharvester von Konrad ist die Möglichkeit, bei Bedarf im »Hundegang« zu fahren: Die Räder an Vorder- und Hinterachsen können unabhängig voneinander gelenkt und parallel gestellt werden. Das schafft kein anderer Harvester. (© Hersteller)

KONRAD

Je steiler das Gelände, desto schwieriger die Holzernte. Ein normaler Rad-Harvester ist ab einer Hangneigung von rund 30 Prozent nicht mehr einsetzbar, ein Kettenfahrzeug schafft vielleicht noch Lagen mit 40 Prozent, doch wegen der zwangsläufig herabgesetzten Geschwindigkeit ist ein Harvestereinsatz im Hang überproportional teuer. Und ab 50 Prozent wird es auch für die Teams mit der Kettensäge schwierig. Nun liegen in Deutschland knapp 680.000 Hektar im 30- und 477.000 Hektar im 40-Prozent-Fenster; diese stark eingeschränkten Erntemöglichkeiten erfordern andere Lösungen als für die mit den großen Maschinen unkompliziert zu erntenden Flächen. Für die Arbeit in den gefährlichen Steillagen müssen Spezialisten ran, die meist mit Seilkränen arbeiten. Und diese liefern Firmen wie die Konrad Forsttechnik im österreichischen Lavanttal (Bundesland Kärnten). Konrad ist mit seinen funkferngesteuerten Seilkrananlagen (aufgebaut auf einen Lkw mit Kabine oder als Kippmastkonstruktion auf einem Anhänger) Weltmarktführer in diesem Bereich und hat als Steilhang-Spezialist auch Holzvollernter entwickelt, die dort noch arbeiten können, wo alle anderen Harvester längst schon streiken: Laut Aussagen von Nutzern sind bis zu 70 Prozent Hangneigung für einen Konrad-Harvester zu schaffen; erst wenn es noch steiler wird, muss eine Seilbahn her.

Nun kann ein Forstunternehmer, der nicht nur im Flachland schneiden will, auch mit dem Menzi Muck im Steilhang arbeiten. Aber der ist bekanntlich in erster Linie eine Baumaschine und kann zum Beispiel nicht mit einer Klemmbank versehen werden, um das Holz abzutransportieren. Konrad hat für solche Zwecke eine spezielle Forstmaschine mit speziellem Kopf (dem »Woody«, Stammdurchmesser bis 70 cm) entwickelt. Die Maschine heißt »Highlander«, und in der Tat:

Es kann nur einen geben

Der Highlander ist mit schwerpunktgünstig tief liegender Plattform, einem um zwei Meter nach hinten zu verlängernden Radstand, den lenkbaren und um bis zu 1,30 Metern in der Höhe verstellbaren Hinterrädern, Knicklenkung, Traktionswinde und dem hinter der Kabine angelenkten sowie rundum schwenkbaren Kran auch zwei Jahrzehnte nach seiner Entwicklung noch immer einzigartig. Der Kran verfügt über eine Reichweite von 10,5 Metern und eine Hubkraft von 240 kNm. Die Hydraulikschläuche verlaufen gut geschützt innerhalb des Krans, was die Endlosrotation überhaupt erst möglich gemacht hat. Der Iveco-Diesel sitzt schräg unter der Haube, um den Neigungswinkel am Hang etwas auszugleichen. Ein Highlander wiegt zwischen 20 und 25 Tonnen, und erst wenn es selbst für ihn zu steil wird, muss der Mounty als Gebirgsharvester auf Lkw-Basis ran: Nicht nur der Seilkran, auch das Harvesteraggregat, die Fahrerkabine, der gesamte LKW-Aufbau, sowie die gesamte Maschinen- und Funksteuerung stammen dabei aus dem Hause Konrad.

Am heutigen Standort in Preitenegg beschäftigt Konrad rund 100 Mitarbeiter. Damit ist Konrad Forsttechnik ein sehr wichtiger Arbeitgeber. Fast 70 Prozent dieser Forst- und Holzerntemaschinen, die speziell auf Steilhängen und schwierigem Gelände eingesetzt werden können, gehen in den Export. Die Jahresproduktion liegt bei knapp 250 Maschinen.

KOTSCHENREUTHER

Der Betrieb, der seit 2005 besteht und inzwischen auf knapp 140 Mitarbeiter an vier Standorten angewachsen ist, ist die Folgefirma der alteingesessenen Rudolf Kotschenreuther e.K., die sich als Landmaschinenhändler und John Deere-Partner einen guten Namen gemacht hatte. An der Ausrichtung änderte sich mit der neuen Firmenstruktur nichts. Das Unternehmen in Steinwiesen wurde bekannt als Hersteller von Forsttraktoren und war zwischen 2011 und 2015 neben Nuhn, Niederaula, zweiter Direktimporteur für John Deere Forestry Oy, insbesondere für Nordbayern, Thüringen und Südsachsen. Danach konzentrierte sich Kotschenreuther verstärkt auf den Handel mit Landmaschinen sowie Bau, Service und Vertrieb der eigenen Forstschlepper. Typisch für diese – etwa der Kotschenreuther K 175 von 2008 – ist ein leistungsstarker Rückekran mit 6,50 m Reichweite (100 kNm Bruttohubmoment, 27 kNm Schwenkmoment), automatische Motorleistungs- und Kraftanpassung, eine mit Kühlschrank ausgestattete Kabine, verbesserte Lüftung und eine größere Hydraulik (250 l/min Durchfluss) für schnellere Kranbedienung. Basis ist stets ein John-Deere-Traktor.

Forstschlepper ungeeignet?

Über den Sinn eines Forstschlepperkaufs gibt es unterschiedliche Ansichten. Die einen sind der Meinung, dass sie nicht vielseitig genug einsetzbar sind und daher kaum auf genügend Betriebsstunden kommen können, um sich zu lohnen. Laut Kotschenreuther (in Fankreisen liebevoll auch als »Kotschi« abgekürzt) kann aber einer der mindestens 250.000 Euro teuren umgebauten John-Deere-Schlepper mindestens 10.000 Festmeter pro Jahr rücken. Das bedeutet: Rund 40 Festmeter Holz können pro Arbeitstag aus dem Wald gezogen werden, was kaum ein Privatwaldbesitzer schaffen wird. Die Wirtschaftlichkeit steigt natürlich, wenn die Stämme schon fertig entastet entlang des Forstwegs abgelegt werden. Kritiker eines solch semiprofessionellen Konzepts stören sich also vor allem an der Tatsache, dass ein Forstschlepper »nur« rücken kann, also weder das Holz ernten noch entasten oder poltern kann. Auch für die Holzabfuhr wird wieder eine zusätzliche Arbeitsmaschine benötigt, große Flächen eigen sich nicht für den Einsatz von Seilschleppern. Da dürfte ein Harvester samt Forwarder oder eine Kombination aus beidem die bessere Wahl zu sein.

Doch Seilschlepper sind beim Rücken von Stark- und Stammholz unschlagbar, und anders als Forwarder und Harvester sind sie straßentauglich und zulassungsfähig. Das Umsetzen von Spezialmaschinen erfordert einen Lkw mit Tieflader, ein Kotschi gelangt hingegen auf eigener Achse schnell zum neuen Einsatzort. Das spart Zeit, was je nach Betriebsgröße und -Struktur bei kleineren

Die Firma Kotschenreuther hat sich auf die Entwicklung von Zubehör für die Forstwirtschaft spezialisiert. (© Hersteller)

Seilwinde, Ladekran, Rückeschild und Frontlader sind für Forsttraktoren Pflicht. Das optionale Schnellwechselsystem erleichterte den Aggregatwechsel. (© Hersteller)

Die Anbauräume in Front und Heck verfügen jeweils über Kraftheber und Zapfwellen. Der Forstkran kann innerhalb von 15 Minuten auf- und abgebaut werden. (© Hersteller)

Die Forsttraktoren von Kotschenreuther entstehen auf Basis der John Deere-Serien 6M, 6R, 7R, 8R sowie 9R. Zu den Besonderheiten gehört die sekundenschnelle Umstellung von Vorwärts- auf Rückwärtsfahrt: Lenksäule hochstellen, den Schalter »Rückfahreinrichtung« aktivieren und den Sitz um 360° zum dort befindlichen zweiten Lenkrad drehen. Natürlich befinden sich dort alle entsprechenden Pedale und Bedienelemente. (© Asurnipal / CC-BY-SA 4.0)

Natürlich lässt sich jeder Forstschlepper individuell konfigurieren. Krane und Greifer liefern zum Beispiel Epsilon/Palfinger, aber auch Cranab zu. Bei der Wahl sind Ablagelänge, Eigengewicht und Aufbauhöhen zu beachten. (© Hersteller)

Kotschenreuther bietet als »Kombimaschine 8x8« ein Duo aus Forsttraktor und hydrostatisch betriebenem Hinterwagen an. Damit ist auch eine Langholzernte möglich. (© Hersteller)

Kotschenreuther bietet fünf Forstspezialschlepper mit Motorleistungen von 166 bis 300 PS an. Die Basis kommt von John Deere. (© Hersteller)

Das Flaggschiff unter den Forsttraktoren ist der neue K 300-R. Natürlich verfügt auch diese Maschine über den für Kotschenreuther typischen, ultrastabilen Brückenstahlrahmen. (© Hersteller)

Schlägen durchaus eine Rolle spielt. Außerdem ist auch ein Kotschenreuther immer noch als landwirtschaftliches Nutzgerät einzusetzen und kann, mit entsprechenden Anhängern oder Anbaugerät am Kranausleger, für zahlreiche andere Feld-, Wald- und Wiesenarbeiten eingesetzt werden. Wenn der Kran mit einem Harvester-Aggregat bestückt ist, eignen sich Kotschi & Co. zum Beispiel bestens für Jungdurchforstungen. Und günstiger als ein professioneller Forwarder ist ein Kotschenreuther allemal.

Überdies hatte Kotschenreuther auch echte Kombimaschinen im Angebot, bestehend aus Traktor-Triebkopf und zweiachsigem Rückewagen. Der Kombi Rückezug 14.6 aus dem Jahr 2005 war für die Lang- und Kurzholzbringung mit 6-Tonnen-Eintrommelseilwinde ausgestattet, hatte aber eine Straßenzulassung und war mit einer Höchstgeschwindigkeit von 40 km/h jedem klassischen Forwarder überlegen. Das Rungenpaar ließ sich hydraulisch ausschieben, was die Anpassung der Maschine auf alle anfallenden Längen erlaubte. Allerdings verabschiedeten sich die Coburger schon 2007 wieder von diesem Konzept mit separatem Triebkopf und setzten stattdessen auf die Kombination aus Forstschlepper mit hydrostatisch angetriebenem Rückewagen, was eine 8x8-Kombimaschine ergab.

NEUSON

Übernahmen und Fusionen führten zur Bildung der heutigen Wacker-Neuson-Gruppe. Bagger, Radlader und Teleskoplader sind doch Forstmaschinen hat man erst seit 1995 im Programm, als der österreichische Ableger mit dem Typ 5002 einen ersten Raupenhar-

Die Coburger verbauen Harvesteraggregate von Kesla. Vier Entastungsmesser sind Standard. (© Hersteller)

Im Prinzip kann an jeden Bagger ein Harvesterkopf angebaut werden, zum voll einsetzbaren Harvester wird er dadurch aber nicht, denn der Kopf benötigt eine höhere Hydraulikleistung. Daher bietet eine Spezialmaschine mit separater Hydraulikpumpe für den Harvesterkopf und Parallelkran anstelle des herkömmlichen Baggerarms eine viel höhere Schnittleistung. (© Hersteller)

Neusons bietet seinen Endnutzungs-Harvester 243 in zwei Ausführungen angeboten, nämlich mit und ohne Hangausgleich. Die Laufwerksbreite liegt im Normalfall bei 2,95 m, optional können auch bis zu 80 cm breite Ketten aufgezogen werden, was den Bodendruck minimiert. (© Hersteller)

vester vorstellte. Zielgruppe waren in erster Linie Kleinbetriebe, die in der mechanisierten Holzernte tätig waren. Diese kompakten Kettenharvester auf Bagger-Basis waren ideal, weil günstiger, bodenschonender und steigfähiger als vergleichbare Radharvester und damit bestens für die Bewirtschaftung kleinerer voralpiner Flächen geeignet. Die Modellpalette wurde rasch um weitere Kettenmaschinen erweitert. Die Übernahme der österreichischen Firma MHT-MechHydTronic GmbH im Jahre 2000 – eines harten Konkurrenten, der ein Jahr vor Neuson einen Raupernharvester auf den Markt gebracht hatte – führte zunächst zur Neuson Ecotec, die dann 2016 – nach dem Verkauf der Sparte Umwelttechnik an Terex – als Neuson Forest firmierte. Im Angebot stehen inzwischen Harvester in den Klassen von 9 Tonnen bis 25 Tonnen für verschiedenste Einsätze von der Erstdurchforstung bis hin zur Endnutzung und Kahlschlag. Die Grundmaschine stammt aus dem regulären Baggerprogramm, eine Tiltkabine ist Standard, hohe Zugkräfte selbstverständlich. Ein Planierschild ist optional.

PFANZELT

In einer Scheune des heimischen Hofes im idyllischen Allgäu machte sich Paul Pfanzelt 1991 selbstständig. Zuvor war er Betriebsleiter bei der Schlang & Reichart Forsttechnik gewesen, einer 1945 gegründeten im nur zehn Kilometer entfernten in Marktoberdorf gelegenen Firma, die sich im Laufe der Jahre zu einer der ersten Adressen für Forsttechnik entwickelt hatte. Getriebeseilwinden waren dann auch das erste Produkt von Pfanzelts eigener Firma, die 1995 mit Entwicklung und Produktion einer beachtlichen Neukonstruktion, der »Bavarian Dreipunktseilwinde« begann. Eines kam zum anderen, in dem Fall ein Rückeanhänger zu den Winden – die zweite Produktlinie des Herstellers. Auf der Messe Interforst 1998 in München präsentierten die Allgäuer dann eine Tragschlepper-Studie, die 2001 als »Felix« in Serie gehen sollte. Im gleichen Jahr folgte der vierte Streich; Pfanzelt nahm Ladekräne in sein Lieferprogramm auf. Der Tragschlepper basierte auf dem Fendt Xerion, seine Besonderheit war die weit vorn sitzende Kabine, dazu kamen Knickgelenk- und Achsschenkellenkung und ein hydraulisch ausfahrbarer Hinterwagen. Damit taugte Felix zum Skidder ebenso wie zum Forwarder und hatte, anders als ähnliche Kombimaschinen, obendrein eine Straßenzulassung. Der in typischem Pfanzelt-Türkis lackierte Felix war zunächst mit 140 und 180 PS zu haben.

2005 erfolgte die Vorstellung und Produktionsbeginn des Systemschleppers Pm Trac. Der wiederum war eine Weiterentwicklung des Fendt Xylon, für den Pfanzelt Rüstpakete entwickelt hatte. Nachdem Fendt die Xylon-Produktion eingestellt hatte, entwickelte Pfanzelt das Konzept zum Allrad-Schlepper weiter, rückte die Kabine weiter nach vorne und installierte einen elektrisch drehbaren Bedienstand. Der Aufbauraum hinter der gefederten Kabine wurde mit einem Zusatzrahmen mit Wechselkonsole versehen, was den Werkzeugtausch wesentlich beschleunigte und die bei der Forstarbeit auftretenden Kräfte aufnehmen konnte. Ein starker Heckkraftheber war serienmäßig, ein Front-Hubwerk samt Zapfwelle gab's optional. Die Motoren kamen von Sisu, die (stufenlose) Kraftübertragung von ZF. Im Prinzip hat sich an der Auslegung bis heute nichts geändert; seit 2013 baut Pfanzelt eigene Rahmen und verwendet Deutz-Motoren.

RITTER

Im Jahre 1924 gründete Mechanikermeister Albert Ritter im Südschwarzwald eine mechanische Werkstätte. Er befasste sich mit der Herstellung und Reparatur von Industrie- und Landmaschinen. Mit der Mechanisierung der Landwirtschaft begann Ritter schon bald nach der Firmengründung mit der Herstellung von Wasserkraftanlagen, Turbinen, Obstpressen, Obstmühlen, Kreissägen, Seilwinden und Materialseilbahnen: Produktgruppen, welche noch aktuell im Lieferprogramm vertreten sind. Ein weiteres Standbein ist die Bühnentechnik, gefertigt mit »Individualität und Effizienz … für jeden Kunden, vom Gemeindehaus bis zum Staatstheater…« Während aber dieser Betriebszweig nur Insidern ein Begriff ist, sieht es bei der Forsttechnik-Sparte ganz anders aus.

Auf dem 14.000 qm großen Werksgelände werden neben Forstmaschinen-Equipment wie Seilwinden, Seil- und Rückekränen, Polterschilden auch komplette Vier-, Sechs- und Achtradskidder (Iveco-Motor, NAF-Achsen, Epsilon- oder Mesara-Kräne, Doppeltrommel-Winden) produziert. 2017 erhielten die Ritter-Skidder eine geräumige Kabine und eine neue Konstantzug-Doppeltrommelwinde mit 2×7 Tonnen Zugkraft. Diese ist leichter als schwerere Winden, weil das Drahtseil dünner ist, und bietet mehr Seil bei gleichem Platz. Optional gibt es den Seilausstoß; der Windenantrieb wird per Funk stufenlos geregelt. Je nach Maschinentyp ist eine Hydraulik serienmäßig vorhanden, die den Einsatz mit Harvester-Aggregat ermöglicht. Eine besondere Klasse bilden die ferngesteuerten Forstraupe für »Fällunterstützung der motormanuellen Holzernte«, da sie »beiseilen, hängende Bäume umziehen oder in engen Bereichen vorliefern« kann. Der Motor stammt von Yanmar, und durch den mechanischen Zapfwellenantrieb können Winden sowie Anbaugeräte wie Mulcher, Häcksler und Fräsen betrieben werden. Die Fernbedienung hat eine Reichweite von 300 Metern.

Zu den Vorteilen der Rückeanhänger gehören laut Tests unter anderem der große Bogie-Pendelweg von 37 Zentimetern. (© Hersteller)

Das ist »Moritz«. Moritz ist eine Forstraupe, wird ferngesteuert und kann von Fällen bis Rücken so ziemlich alles was sich ein Forstwirt wünschen kann. Die 2,20 Meter lange und bis zu 1,50 m breite Maschine wiegt 1400 kg; Pfanzelt hat sie bereits 2016 vorgestellt und war damit einer der Pioniere auf diesem Gebiet. (© Hersteller)

Forstraupen weisen, dank ihrer Ketten, eine geringen Bodendruck auf. Das ist ideal für empfindliche Waldböden. Sie sind in unseren Wäldern allerdings relativ selten anzutreffen, doch Ritter ist keineswegs der einzige Anbieter. (© Hersteller).

Das Pfanzelt-System erlaubt die Umrüstung von nahezu jedem Ackerschlepper zum Forsttraktor. Rund 140 Mitarbeiter stehen auf der Lohnliste des Maschinenbauers. (© Hersteller)

Die Mittelkabine mit drehbarem Bedienerstand und ein Heckaufbauraum über der Achse sind seit der Premiere auf der Agritechnica 2005 in Hannover typisch für den Pm Trac. Optisch wie technisch aber gab es durchaus Fortschritte, 2016 zum Beispiel kamen mit den Modellen 2380 4f sowie 2385 4f die ersten Forstschepper mit Deutz-Motoren nach neuester Abgasnorm. Die Höchstgeschwindigkeit blieb bei 50 km/h. (© Hersteller)

Der »Felix« ist eine relativ kompakte Kombimaschine und sowohl bei Lang- als auch Kurzholzarbeiten einsetzbar. Der Radstand am Hinterwagen kann hydraulisch um 1,2 Meter teleskopiert werden. (© Hersteller)

Die Maschinenfabrik Ritter, für seine Seilwinden bestens bekannt, hat auch Stammholzschlepper im Angebot. Die Kräne bezieht Ritter von Palfinger/Epsilon, die Motoren von Iveco. Neuerdings werden auch Sechs- und Achtradskidder angeboten. (© Hersteller)

Der Welte W 130K ist, trotz seiner drei Achsen kompakt, kurz und wendig. Er gilt als Kombimaschine und ist als Klemmbankskidder, Kranmaschine, Seilmaschine, Forwarder (bis 4 m Kurzholzlängen) einsetzbar. Der Vierzylinder-Dieselmotor stammt von Volvo-Penta, das stufenlose und hoch gelobte Antriebssystem ist eine Eigenentwicklung. (© Hersteller)

Der W200 als Kombimaschine verfügt über die patentierte Schnellwechseleinrichtung. Hier wird gerade der Rungenkorb getauscht, was beim Rücken unterschiedlicher Sortimente von Vorteil ist. (© Hersteller)

Auf Anregung eines Kunden baute Welte 2019 eine funkgesteuerte Forstraupe, um auch Starkholz seilen zu können. Die Maschine mit Hatz-Motor hat eine Zugkraft von sechs Tonnen. (© Hersteller)

Die Sechsrad-Kombimaschinen verfügen über den Vorderwagen der Vierzylinder-Forstschlepper und den Hinterwagen der Sechszylinder-Maschinen. (© Hersteller)

Ein Welte W230 mit der patentierten Klemmbank samt Heckschild. Die dreh- und arretierbare Klemmbank ist mit Doppelseileinlaufrollen versehen; optional auch mit Neigungsverstellung. (© Hersteller)

WELTE

»In Forstmaschinen von Welte steckt Leidenschaft«, so lautet der Slogan der Firma, die seit 1952 im Südbadischen Spezialfahrzeuge baut. Zunächst aber galt die Leidenschaft Anhängern und Lkw-Aufbauten. Doch da Freiburg vor den Toren des Schwarzwalds mit seiner Holzindustrie liegt, lag der Bau von Forstanhängern, Seilwinden und Rückegerät nahe: 1954 kam der selbstständig mechanisch lenkende Nachläufer für den Langholztransport auf den Markt, 1958 erstes Forst-Equipment für den Unimog.

1961 verlegte Firmengründer Alexander Welte seinen Betrieb ins benachbarte Umkirch und begann drei Jahre später mit dem Bau von eigenen Spezialmaschinen für die Forstwirtschaft. Die ersten allradgetriebenen Fortschlepper hatten nicht mehr ganz taufrische luftgekühlte Deutz-Diesel, aber eine hochmoderne Knicklenkung. Diese Schlepper vermarktete Welte als »Forstmann«. Der 1970 präsentierte »Ökonom« war ein Allrounder, bestehend aus dem Forstmann-Triebkopf und auswechselbarem Hinterwagen für schwere und mittelschwere Stammhölzer. Den kleinen »JubiTrac«, einen Durchforstungsschlepper mit sehr kurzem Radstand und Schwerpunktverlagerung, präsentierte Welte 1979. Im Jahr darauf folgte ein eigenes Lastschaltgetriebe, 1983 eine Rückezange mit mitdrehbarer Doppeltrommel-Seilwinde und 1985 eine Schwenk-Rücke-Einrichtung: Welte hielt Dutzende Patente. 1990 lieferten die Südbadener den 400. Forst-Spezialschlepper und das 750. Forstanbaugerät aus.

1998 verkaufte der Firmengründer seine Firma an Werner Nühnen, einen erfahrenen Manager, der Weltes Sohn mit in die Geschäftsführung holte und das Entwicklungsteam neu aufstellte. In der Folge wurde das seit 1972 gepflegte Baukasten-System zur Perfektion gebracht. Neue Lastschaltgetriebe und wassergekühlte Turbodiesel wurden eingeführt und manche Komponenten wie Achsen (von NAF) oder Krane (von Epsilon) zugekauft, statt sie selbst zu bauen. Die Kapazitäten wurden in die Weiterentwicklungen von typischem Forstequipment gesteckt, wie Hydrowinden mit doppelter Zugkraft; außerdem wurden die Steuerelektroniken verfeinert und weitere Produktverbesserungen vorgenommen. Zu den besonderen Highlights der Jahrtausendwende gehörte der neue Typ W210 mit 210-PS-John-Deere-Sechszylinderdiesel. .

2001 übernahm Welte als Generalimporteur den Deutschlandvertrieb der schwedischen Gremo-Maschinen. 2002 kaufte man von der FMA, der Frankenberger Maschinen- und Anlagenbau im sächsischen Frankenberg, die Lizenzrechte an deren Forstschlepper-Konstruktionen. Diese wiederum gingen ursprünglich auf Entwürfe der DDR-Firma »Forsttechnik Oberlichtenau« zurück.

Das Portofolio des Familienbetriebs aus Umkirch umfasst Skidder, Forst-Kombi-Maschinen, Forwarder und Harvester, wobei die Kombimaschinen dank des Schnellwechselsystems dem Forstunternehmer das breiteste Spektrum an Möglichkeiten bieten, denn sowohl der Rungenkorb als auch die Klemmbank lassen sich schnell austauschen. Doch innerhalb des Baukastens sind viele Kombinationen denkbar, etwa die aus Forstschlepper und Aggregat (ideal für kleinere Flächen).

DIE ZUKUNFT DER LANDWIRTSCHAFT

Die Landwirtschaft gilt als einer der Treiber des Klimawandels. Sie gehört zu den größten CO2-Verursachern und Klimakillern. Verantwortlich dafür sind vor allem Methan-Emissionen aus der Tierhaltung und die sich als Folge der Stickstoffdüngung ergebenden Emissionen landwirtschaftlich genutzter Böden. Die Senkung der des klimaschädlichen Gases ist damit die vielleicht größte Herausforderung für die Landwirtschaft. Doch die nicht minder große Aufgabe besteht darin, die Nahrungsmittelsicherheit der Weltbevölkerung zu gewährleisten, was wiederum eine im Grundsatz noch umweltbelastendere Nahrungsmittelproduktion erfordert.

(© Nexat)

Der Phoenix ist ein Forschungsprojekt, das das Institut für Agrartechnik der Universität Hohenheim entwickelt hat. Der Hackroboter kann Unkraut präzise entfernen und mit seiner 100 kg schweren Hacke den Boden zwischen Pflanzreihen auflockern. Die Steuerung erfolgt per Joystick. (© BMEL / Photothek)

In ersten Feldversuchen wurden die Navigation und die Sensorik auf einem Mais-Versuchsfeld getestet. Partner waren die Hochschule Osnabrück, die Amazonen-Werke und ein Bosch-Startup. (© AMAZONEN-Werke)

In enger Abstimmung mit den Herstellern wird an Hochschulen nach neuen Lösungen gesucht. Zu den im internationalen Maßstab führenden Instituten gehört die Uni Hohenheim in Stuttgart. (© Universität Hohenheim/Julia Dannehl)

Damit steckt die Landwirtschaft in der Zwickmühle: Um erschwingliche Nahrungsmittel für alle zu produzieren, müssen die Flächenerträge steigen. Das wiederum gelingt nur durch eine immer intensivere Bewirtschaftung, was wiederum Auswirkungen auf die Umwelt hat, etwa eine höhere Bodenverdichtung durch immer größere und leistungsfähigere Maschinen. Daher wird rund um den Globus nach Lösungen gesucht, und die liegt, soweit es die technischen Komponenten betrifft, in einer fortschreitenden Digitalisierung und Automatisierung. Vor diesem Hintergrund sind GPS-basierte Parallelfahrsysteme und eine entsprechend hoch entwickelte Sensorik in der Entwicklung und teilweise bereits im Einsatz. Doch die GPS-basierte Präzisionslandwirtschaft gibt es nicht zum Nulltarif, die erforderlichen Investitionen sind enorm, während es gleichzeitig in immer mehr Betrieben an Personal und Geld fehlt. Die Landmaschinen-Hersteller versuchen auf vielfältige Weise, diesen Spagat zu meistern, setzen auf Bedienungsvereinfachungen einerseits und autonome Fahrzeuge andererseits, wobei erschwerend hinzu kommt: Auf dem Feld gibt es ständig sich ändernde Verhältnisse, auf die sich jedes System einstellen können muss, was nur über KI geht, Künstliche Intelligenz. Daher sind zahlreiche Hochschulen und Institute in die Forschungen eingebunden und suchen nach Lösungen.

Unterschiedliche Ansätze, ein Ziel

Ob man es nun Präzisionsackerbau, Präzisionslandwirtschaft, Teilschlagbezogene Landwirtschaft, Teilschlagbewirtschaftung oder »Precision Farming« nennt: Die Feldroboter-Entwicklung soll die teilflächenspezifischen Bewirtschaftung von Nutzflächen erleichtern ausgehend von Bodenzonen und Ertragsfähigkeit innerhalb eines Feldes: Die Flächen sollen noch zielgerichteter, effizienter und letztlich nachhaltiger bewirtschaftet werden können. Dieses Thema treibt die Branche schon seit Jahren um, daher ist BoniRob nicht das einzige deutsche Roboterkonzept: Das i-LEED der Bayerische Landesanstalt für Landwirtschaft (LfL) soll die Rinderfütterung auf der Weide optimieren und gleichzeitig die Flächenpflege durch Mulcher und Sämaschine möglich machen. Auch die Hochschule Osnabrück – die in Deutschland zu den Pionieren auf diesem Gebiet zählt – haben mit dem HV-100 in Zusammenarbeit mit Harvest Automation (Billerica, Massachusetts) auch einen Gartenroboter zur Ernteautomatisierung entwickelt, der für größere kommerzielle Anbaubetriebe interessant ist und kinderleicht zu bedienen. Die landwirtschaftliche Fakultät der Universität Stuttgart-Hohenheim hingegen hat mit dem Raupenroboter Phoenix für Aufmerksamkeit gesorgt. Das Elektrofahrzeug wurde für landwirtschaftliche Zwecke wie Scouting, Kartierung und Unkrautjäten entwickelt und dient darüber hinaus als Erprobungsträger für Sensorsysteme und als Entwicklungsplattform für autonome Fahrzeugsysteme.

BONIROB

Jeder Landwirt – oder auch jeder Besitzer eines Blumenkübels – kennt das Problem: Neben dem, was wachsen soll, grünt und blüht auch unerwünschtes Kraut. Da hilft nur jäten. In großem Maßstab geht das natürlich nicht, also bringt der Landwirt Pflanzenschutzmittel und Un-

Der autonome BoniRob kann Pflanzen erkennen. Die Roboterplattform – erstmals 2009 auf der Agritechnika gezeigt – soll für verschiedene Anwendungen einsetzbar sein. (© AMAZONEN-Werke)

Der BoniRob wiegt rund 500 Kilogramm und ist so groß wie ein Kleinwagen. Die Räder werden einzeln angetrieben. Sensorik, Elektronik und Software lassen den Roboter zentimetergenau über das Feld fahren. Dabei kann der Roboter auch den Wachstumsverlauf jeder einzelnen Pflanze dokumentieren. (© AMAZONEN-Werke)

krautvernichtungsmittel nach dem Gießkannenprinzip aus: Das ist natürlich nicht umweltfreundlich. Daher wird schon seit geraumer Weile versucht, Unkraut wieder ohne Chemie zu vernichten.

Doch statt Mitarbeiter-Kompanien (die es ja gar nicht gibt) mit der Hacke zum Unkrautjäten aufs Feld zu schicken, sollen in nicht allzu ferner Zukunft autonom agierende Feldroboter die Arbeit erledigen. Allerdings muss Kollege Computer erst einmal wissen, was Unkraut ist und was Nutzpflanze. Das kann er lernen, und aller Anfang ist bekanntlich schwer. Versuche haben schon 2008 begonnen, inzwischen ist man aber mit dem BoniRob und seinen Nachkommen dem Ziel einen gehörigen Schritt näher gekommen. Das Forschungsprojekt der Amazonen-Werke, einem Tochterunternehmen der Robert Bosch GmbH und der Universität Osnabrück, ist inzwischen in der Lage, anhand der Blattformen junge Mais-, Roggen- oder Rübenkeimlinge von Beikräutern zu unterscheiden. Was die Sensorik der autonom fahrenden Roboterplattform als unerwünscht erkennt, wird anvisiert und durch einen mit 100 m/s herabsausenden Bolzen mit einem Zentimeter Durchmesser gut drei Zentimeter tief in den Boden gestampft, gerne auch mehrmals, wenn das Unkraut sich schon als zu groß erwiesen haben sollte. Damit wird alles, was das Wachstum der Kulturpflanzen behindern könnte, auf Nimmerwiedersehen in der Tiefe gedrückt, ohne dass ein einziger Tropfen Unkrautvernichtungsmittel ausgebracht worden wäre. Obwohl: Über einzelne kleine Düsen kann BoniRob auch Pflanzenschutz und flüssigen Dünger gezielt ausbringen. Die Sache mit dem Einstampfen jedenfalls hat sich bewährt, bei einem stark verkrauteten Karotten-Versuchsfeld – Karottenpflanzen mit etwa zwei Zentimetern Abstand, durchschnittlich 20 Unkräuter pro Meter – funktionierte die Reihenerkennung »robust« und schaffte etwa 1,75 Unkräuter pro Sekunde. BoniRob robbt dabei mit etwa 222 Zentimetern pro Minute vorwärts, je nach Unkrautdichte kann das auch schneller (oder langsamer) dauern. Das System jedenfalls ist auf einem guten Wege.

Bei dem rund 1000 kg schweren Roboter handelte es sich um eine Plattform mit ursprünglich U-förmigem Trägergestell und vier einzelnen angetriebenen und ansteuerbaren Rädern. Bodenfreiheit – von 40 bis 80 cm – und Spurbreite (75 bis 200 cm) waren variabel, um

Nach dem Ende von Deepfield Robotics gründeten ehemalige Mitarbeiter »Farming Revolution«. Das Unternehmen ist inzwischen weltweit führend in Sachen Pflanzenphänotypisierung. (© Deepfield Robotics)

Der BoniRob wurde dann von Bosch Deepfield Robotics weiterentwickelt. Bei der Einweihung des Bosch-Forschungscampus in Renningen 2015 waren Bundeskanzlerin Merkel und der Baden-Württembergische Ministerpräsidente Kretschmann zu Gast. (© Robert Bosch GmbH)

verschiedene Reihenkulturen abdecken zu können. Allerdings hat man bei neueren Versuchsträgern auf die Spurbreitenverstellung verzichtet, auch die Plattform sieht anders aus. Die feinfühlige Servosteuerung erlaubt Kurvenfahrten, Wendemanöver auf der Stelle und auch die Fortbewegung im Hundegang,

COMBINED POWERS

Landmaschinen mit GPS-Technik an Bord und Datentransfer zwischen Traktor und Maschine, die hochpräzise Ausbringung von Düngertechnik und die fein dosierte Sprühtechnik im Pflanzenschutz – die moderne Landwirtschaft ist auf leistungsfähige Steuerungstechnik angewiesen. Doch wir kennen das alle von unserem heimischen Computer her: Der Anschluss eines anderen Geräts, der Austausch einer Komponente hat so seine Tücken, und allzuoft gibt es Kommunikationsstörungen. Das ist natürlich auf der Hof nicht anders, denn je mehr Technik, desto größer auch die möglichen Fehlerquellen. Und genau da setzt das 2017 auf Kiel gelegte Gemeinschaftsprojekt Combined Powers an. Dahinter stehen zwei traditionsreiche Familienunternehmen, die Lemken GmbH & Co. KG in Alpen sowie die Maschinenfabrik Bernard Krone GmbH & Co. KG, Spelle.

Das 2017 zusammen mit Krone initiierte Konzept der »Verfahrenstechnischen Einheit« (VTE) soll autonom einsetzbar sein und das Grubbern, Pflügen, Säen sowie Mähen, Wenden und Schwaden eigenständig erledigen. Erstes Ergebnis der Zusammenarbeit war die Gemeinschaftsstudie namens »Combined Powers«. Sie besteht aus einer autonomen Antriebseinheit die mit verschiedenen Anbaugeräten kombiniert wurde. Nun hat es auch in der Vergangenheit nicht an entsprechenden Versuchen gemangelt, doch bei diesem Konzept von Lemken und Krone steuert das Anbaugerät den Antrieb, und nicht umgekehrt. Und das ist der entscheidende Vorzug des Systems, denn so ergibt sich eine optimale Kommunikation und Interaktion zwischen Gerät und Antrieb, um ein optimales Arbeitsergebnis zu erreichen. 2021 wurden die ersten Praxiserfahrungen gesammelt, 2022 wurde dann die nächste Entwicklungsstufe vorgestellt.

Gegenwärtig verfügt die Konzeptstudie über einen dieselelektrischen MTU-Antrieb mit einer Gesamtleistung von 170 kW (230 PS), wobei der Geräteträger auch rein elektrisch betrieben werden könnte. Die Leistung wird elektrisch auf Fahrantrieb und Zapfwelle übertragen; die Kopplung der Anbaugeräte mit der Antriebseinheit erfolgt über eine Dreipunktschnittstelle. Weil die Arbietsmaschine autonom ihre Arbeit erledigen soll, sind natürlich jede Menge Sensorsysteme mit an Bord, um das Umfeld und die Arbeitsgeräte zu überwachen, der sichere Arbeitseinsatz steht im Vordergrund. Die Bedienung und Überwachung der Einheit erfolgt über mobile Endgeräte, der Landwirt wird zu einer Art Systembetreuer und muss nicht mehr endlose Tage auf dem Acker zubringen. Letztlich könnten auf diesem Wege die meisten Arbeiten erledigt werden, was eine ganzjährige Nutzung und lange Einsatzzeiträume garantiert: Inzwischen können über die VTE eine ganze Reihe verschiedener Prozesse in Bodenbearbeitung und Grünlandbewirtschaftung mit Arbeitsbreiten von bis zu vier Metern abgedeckt werden.

Innovativ: Combined Powers ist eine autonome Fahreinheit (VTE) und betrachtet die Zugmaschine immer als Bestandteil des Anbaugeräts. (© Krone / LEMKEN)

Die Praxisphase begann 2021. Die Maschine und mehr noch die Software (Fahrspurplanung, Geofencing, Sicherheitskonzepte) sind eine komplette Eigenentwicklung . (© Krone / LEMKEN)

Der Geräteträger mit einer Leistung von 230 PS ist 5,5 m lang, 2,7 m breit und 2,6 m hoch. Für den Anbaugeräte gibt es eine Dreipunkt-Schnittstelle. (© Krone / LEMKEN)

Sieht so die Zukunft aus? Lemken und Krone entwickeln gemeinsam selbstfahrende Maschinen, die über ein mobiles Endgerät gesteuert und überwacht werden können. Das An- und Ankuppeln der Anbaugeräte erfolgt per Fernsteuerung. (© Maschinenfabrik Bernard Krone GmbH & Co. KG & LEMKEN GmbH & Co. KG)

EVUM

Die Forschungslabore bereits verlassen hat ein anderes landwirtschaftliches Projekt, das die Zukunft auf den Höfen ein kleines bisschen sauberer machen soll. Denn bekanntlich gibt es in der Land- und Forstwirtschaft immer viel zu transportieren, und das wird, mangels Alternativen, mit dem Verbrenner erledigt. Natürlich könnte man das auch mit einem Elektrotransporter wie dem Streetscooter, mit dem die Post unterwegs ist, erledigen. Doch die bisher angebotenen Fahrzeuge sind nicht schlechtwegetauglich, und allzu viele Gemeinheiten sollten sich die Wege bitteschön auch verkneifen: Schlaglöcher und Elektromobilität, das hat sich bislang nicht gut vertragen. Das kann sich aber in Zukunft ändern, dank des aCars von Evum Motors.
Elektromobilität ist noch immer eine Domäne der reichen Industrieländer, nicht von ärmeren. Daher verschrieb sich der Lehrstuhl von Prof. Dr. Lienkamp an der Technischen Universität München der »Demokratisierung der E-Mobilität in Schwellenländern«. Diese Vision, als Forschungsprojekt »aCar Mobility« gestartet, sollte zu einem einfachen, robusten Nutzfahrzeug für afrikanische Entwicklungs- und Schwellenländer mit miserabler Infrastruktur, aber einem Übermaß an Sonnenenergie, führen.

Back to basics

Die Idee an sich ist nicht nur richtig, sondern auch alt, denn es hat auch in der Vergangenheit immer wieder Fahrzeugentwicklungen für Schwellenländer gegeben. Der Ansatz hier geht aber über die Konstruktion eines Einfachst-Fahrzeugs weit hinaus, nicht zuletzt, weil die elementarsten Transportbedürfnisse mit einem Elektrofahrzeug abgedeckt werden sollen. Zugrunde lagen diesem universitären Forschungsprojekt umfangreiche wissenschaftliche Untersuchungen und Einsatztests in Europa und Afrika. 2017 ging daraus die EVUM Motors in Bayerbach bei Ergoldsbach hervor, eine Firma, welche »für eine neue Art des Nutzfahrzeugs steht: Mit Allrad- und Elektroantrieb vereint das aCar Ökonomie und Ökologie.«
Verkaufsstart für den vielseitigen Geräteträger – laut Eigenwerbung »unentbehrlicher Helfer in Landwirtschaft, Gewerbe und Industrie, im kommunalen Einsatz und für anspruchsvolle Freizeitanwendungen« – war der Juni 2020, zunächst in Europa. Die bei der Produktion gewonnenen Erfahrungen sollen helfen, in Zukunft lokale Produktionsstätten in den Zielmärkten aufbauen. Aus dieser Zeit datiert auch ein erster Testbericht, der dem vier Meter langen Kleintransporter außerordentliche Talente attestiert. Herzstück der Konstruktion ist natürlich der elektrische Antriebsstrang. Hier kommen zwei neu entwickelte Asynchron-Motoren mit 180 Nm Drehmoment bei einer Spitzenleistung von 28 kW (für 20 Sekunden) zum Einsatz. Je nach Batterieausstattung wird die Reichweite mit 100 oder 200 Kilometern angegeben. Die Akkus können per Photovoltaik auf dem Dach oder an der Steckdose aufgeladen werden, ein vollständiger Ladezyklus dauert rund 6,5 Stunden. Die Höchstgeschwindigkeit liegt bei 70 km/h. Die Bodenfreiheit beträgt 32,5 cm, das reicht für unbefestigtes Terrain und ist angesichts der im Untergeschoss verstauten Akkus

Das aCar von Evum ist, mit Spiegeln, 1836 mm schmal und passt damit durch enge Stallgassen und Durchfahrten. Der einfach gehaltene Schmalspur-Transporter hat Allradantrieb. (© EVUM Motors GmbH)

Auf der Liste der Sonderausstattungen stehen ein Akku-Paket für mehr Reichweite, Arbeitsleuchten und Nebelscheinwerfer. Die Zuglast liegt bei 1000 kg. (© EVUM Motors GmbH)

Das erste aCar ging im August 2020 an Prof. Dr. Lienkamp von der TU München. Zwei ehemalige Doktoranden, die Herren M. Šoltés und S. Koberstaedt hatten es zur Serienreife weiterentwickelt. (© EVUM Motors GmbH)

Durch den konsequenten Verzicht auf alles, was nicht zwingend notwendig ist für den Fahrbetrieb, soll der Evum-Transporter weltweit finanzierbar und herstellbar sein. Er verfügt über einen Allradantrieb, auf dem Dach ist ein Photovoltaik-Anlage. (© Christian Jaramillo / EVUM Motors GmbH)

Auf dem Feld ist eine Arbeitsgeschwindigkeit von bis zu 1,8 km/h möglich, der Roboter kann bis zu 0,2 ha in der Stunde bearbeiten. Bei einer Arbeitsbreite von 150 cm schafft er drei bis sechs Reihen gleichzeitig. (© Klaus-Dieter Esser /Pfeifer & Langen GmbH & Co. KG.)

Farming Revolution ist führend im Bereich Pflanzenerkennung, 12 Millionen Bilder wurden aufgenommen. Der Hackroboter kann so schon bei Feldaufgang fahren . (© Klaus-Dieter Esser /Pfeifer & Langen GmbH & Co. KG.)

Farming GT hat ein Konzept zur digital-mechanischen Unkrautbekämpfung entwickelt. Der autonom fahrende Hackroboter bearbeitet die oberste Bodenschicht und unterscheidet mit einer Genauigkeit von 99 % zwischen 80 Nutzpflanzen und Unkräuter in allen Wachstumsstadien und Ausprägungen. Dadurch kann er gezielt Unkräuter mechanisch zu bekämpfen. (© Klaus-Dieter Esser /Pfeifer & Langen GmbH & Co. KG.)

mehr als anständig. Der Elektrotransporter wiegt 1,3 Tonnen (mit großem Batteriepaket 300 Kilogramm mehr) und ist als Dreiseitenkipper, Pritschenwagen mit Plane und Spriegel sowie mit Kofferaufbau zu haben.

FARMING REVOLUTION

Das ehemalige Deepfield Robotics-Team aus dem Bosch-Startup, das auch in die Entwicklung des BoniRob involviert war, agiert seit 2019 als eigenständiges Unternehmen »Farming Revolution«. Angesiedelt in der Nähe von Stuttgart, haben die Gründer die Idee des Hackroboters weitergedacht. Der »Farming GT« hat vier gleichgroße Räder und erkennt die Pflanzen schon im Keimblattstadium. Das schafft der Feldroboter dank seiner KI-basierten Bildverarbeitung für Pflanzenerkennung – 80 Pflanzentypen wie Kohl, Salatsorten, Zwiebeln, Mais, Zuckerrübe, Kürbis, Ackerbohne, Kartoffeln, Raps, Soja und Weizen erkennt er schon. Die vollelektrische und autonom fahrende Maschine des Ludwigsburger Unternehmens dürfte gegenwärtig der ausgereifteste kameragestützte Agrarroboter zur selektiven mechanischen Unkrautbekämpfung sein, geeignet und erschwinglich, so das Unternehmen, für Landwirtschaftsunternehmen jeder Größe. Außerdem kann der Hackroboter zu beliebigen Zeitpunkten in den Beständen eingesetzt werden, weil der Roboter auch bei inhomogenem Feldaufgang navigieren kann, was einen weiteren Pluspunkt des Konzepts darstellt. Mit einer Laufzeit von bis zu 30 Stunden (dann allerdings mit Range-extender) erkennt und entfernt der Farming GT das Unkraut – auch wenn es lediglich einen halben Zentimeter neben der Kulturpflanze wuchert – vermittels rotierendem Fräskopf und damit ohne Chemie. Gegenwärtig läuft noch die Felderprobung; kaufen kann man ihn also noch nicht – aber anmieten.

NEXAT

Ganz sicher eine der interessantesten Entwicklungen der letzten Jahre ist das ganzheitliche Pflanzenproduktionssystem von NEXAT. Der Name ist Programm: Diese Abkürzung steht für »Next Agricultural Technology« und bezeichnet ein sich bereits in der Erprobung befindliches multifunktionales Geräteträgersystem.

An diesem Projekt beteiligt sind die Universität Bremen, die Hochschule Osnabrück und die niedersächsische NEXAT GmbH, und die wiederum ist eine Gründung des Ingenierurbüros Kalverkamp, dem Vater-Sohn-Team Klemens und Felix. Klemens Kalverkamp ist in der Branche kein Unbekannter, er war Teil der Geschäftsführung der Landmaschinenfabrik Grimme, Hersteller von Rüben- und Kartoffeltechnik. Davor arbeitete er als Entwicklungschef bei der Carl Geringhoff Vertriebsgesellschaft, einem Spezialisten für große Schneidwerke. Nach seinem Ausscheiden bei Grimme 2013 fragte er sich, wie die Landwirtschaft 2025 aussehen könnte und suchte mit seinen Projektpartnern nach Antworten. Die Zusammenarbeit führte zu einem elektrisch angetriebenen Selbstfahrer, der sämtliche Arbeitsschritte – Bodenbearbeitung, Aussaat, Düngung, Schutz, Ernte – erledigen kann, sofern die jeweils benötigte Maschinentechnik angedockt ist. Die lässt sich per

Schnellwechselsystem an- und einbauen, die jeweiligen Anbaumodule können problemlos aufgenommen und abgesetzt werden. Der Wechsel zwischen zwei Modulen kann innerhalb von zehn Minuten erfolgen, und mehr als eine Person ist dafür nicht erforderlich.

Besonders interessant ist das Trägerfahrzeug. »Wide-Span« heißt diese Bauweise, sie wurde bereits vor rund 150 Jahren in Australien erdacht und ist mit »Breitspur« nur unzureichend übersetzbar: Das Systemfahrzeug mit seinen kaum 60 cm breiten, unabhängig lenkbaren Raupenantrieben ist hoch variabel und deckt bei einer Breite von 18 m Arbeitsbreiten von 6 bis 24 m ab, mit Spritzenaufsatz sind sogar bis zu 70 m möglich. Gleichzeitig hält das als Brückenfahrzeug konzipierte System die für die europäische Straßenzulassung nötige Breite von 3,5 m ein, weil für die Umsetzung des Systems die Raupenfahrwerke um 90 Grad geschwenkt werden und damit in einer Spur fahren. Für Vortrieb sorgen zwei 550 PS starke Diesel, die wiederum auf die eigentlichen Raupenantriebe – jeder Elektro-Motor hat eine Leistung von 218 PS – wirken.

Diese Maß verrät schon: Das System ist nichts für den Nebenerwerbslandwirt gedacht, sondern für die Bewirtschaftung von großen bis gigantisch großen Flächen. Diese Spurbereite erlaubt dem Nexat-System, während der Bodenbearbeitung lediglich 5 % der Ackerfläche zu befahren (und damit zu verdichten, bei konventionellen Großtraktoren muss mit Bodenschäden durch die Erdverdichtung von bis zu 20 % gerechnet werden). Außerdem bietet das System, so das Unternehmen, die Möglichkeit einer nachhaltigen Bodenverbesserung durch stetigen Humusaufbau, erhebliche Emissions-Einsparungen sowie nachhaltigen Schutz vor Bodenerosion. Darüber hinaus reduziert das Modulkonzept die Anschaffungs- und Betriebskosten gegenüber einem konventionellen Maschinenpark und sorgt für deutliche Ertragssteigerungen (und damit eine höhere Rentabilität). Klingt zu schön, um wahr zu sein? Scheint aber zu funktionieren, denn das ganz auf Nachhaltigkeit ausgelegte Projekt – der Systemtraktor wird bereits auf den Betrieb per Brennstoffzelle mit grünem Wasserstoff vorbereitet – läuft bereits seit 2017 im Versuch und hat sich bislang bestens bewährt.

Bei der Entwicklung der Arbeitsmodule arbeitet Nexat im Pflanzenschutz mit Damann, bei der Saatgutausbringung mit Väderstad und in der Erntetechnik mit Geringhoff zusammen. Außerdem sind die Hochschulen Osnabrück und Bremen mit an Bord. (© NEXAT GmbH)

Die jeweils benötigte Maschinentechnik wird modular über ein Schnellwechselsystem eingebaut; zusätzliche, eigene Fahrwerke sind nicht mehr erforderlich. Die Arbeitsbreite liegt zwischen 6 und 24 m. Das Konzept ist, im Vergleich zu einem üblichen Maschinenpark, kostengünstiger und gleichzeitig effizienter. (© NEXAT GmbH)

Die NEXAT GmbH und die Kalverkamp Innovation GmbH im Niedersachsenpark bei Rieste entwickelten ein weltweit neuartiges Breitspur-Wechselträgerfahrzeug. Der elektrisch angetriebene Systemtraktor kann von der Bodenbearbeitung über die Aussaat und den Pflanzenschutz bis hin zur Ernte sämtliche Arbeitsschritte übernehmen. (© NEXAT GmbH)

OAL
YD 190
FENDT
FENDT